基幹系システム
「2025年の崖」を
飛び越えろ

IT負債

野村総合研究所 理事
室脇慶彦 著

日経BP

はじめに

米国の現状「モノリスシステムからマイクロサービスへ」

2018年9月に米国の情報サービス産業を視察した際、大手クラウドベンダーでこんな話を聞いた。ユーザー企業のシステムコストは、「『リフト』(クラウドに既存システムを移植すること)で4割下がり、『シフト』(クラウドに適した形=“クラウドネイティブ”にシステムを再構築すること)で元の5割の削減が可能、つまり、全体で9割のシステムコストを削減できる」というのだ。システムを維持・保守する人件費に限れば98%削減されるという。実際にクラウドネイティブで再構築したユーザー部門のシステム現場を見せてもらったところ、システムの維持・保守体制は上記の数字を体現していることが確認でき、筆者は驚きを禁じ得なかった。

その視察では、流通企業・アセットマネジメント会社・資源開発会社などの大手ユーザー企業も訪問し、現状をヒアリングさせてもらった。それらを通して実感したことは、「米国のITシステムが様変わりしつつある」ということだ。訪問したすべての会社でシステムの再構築が始まっており、もちろん業界によってシステムは異なるものの、いずれの企業でも「マイクロサービス」というアプリケーションアーキテクチャーを採用していた。

この動きをひと言で表せば「モノリスシステムからマイクロサービスへ」となる。「モノリス」とは一枚の岩である。有名な映画『2001年宇宙の旅』に出現する黒い一枚岩を表している。これまでのITシステムは一枚岩のように作られており、「モノリスシステムからマイクロサービスへ」とは、一枚岩のようなITシステムを、小さな単位に分割したシステム構造に移行させることを意味している。その小さな単位同士は「疎結合」になっていることがポイントで、疎結合になっていれば、小さな単位で開発とリリースが独立してできる。小さな機能単位に分割されていれば、短期間に何回もリリースできるようになり、要件の変更にも柔軟に対応でき、安全なリリースが可能になる。この仕組みについては、本書の中で詳しく説明したいと思う。

「マイクロサービス」は、これまでの常識を覆す画期的なアプリケーションアーキテクチャーである。誤解を恐れずに言えば、ソフトウエア開発の「生産性」「スピード」「品質」のすべてを最低でも10倍以上に向上させることができる。

日本の未来「2025年の崖」

先に説明した米国視察とほぼ同じころ、日本ではあるレポートが業界に衝撃を与えていた。経済産業省が一般公開した「DX（デジタルトランスフォーメーション）レポート」がそれで、その中で指摘している「2025年の崖」が衝撃の震源である。日本企業の基幹系システムは部分最適を繰り返したために最適化には遠く、2025年には老朽化を向かえ、また、SAP ERPなどのサポート切れも相まって、多くの基幹系システムが危機的な状況に陥ることを警告している。これは経営の問題であり、このDXレポートは、日本の経営者に警鐘を鳴らす内容になっている。本来、DXと基幹系システムは別次元の話であるが、国（経済産業省）としては、DX対応が日本企業の成長の盛衰を握っていると考え、それを妨げる存在が「現状の基幹系システムである」と指摘しているわけだ。筆者は、情報サービス産業を代表し、このレポートの内容に関与している。

Technical debt＝技術的負債

基幹系システムの老朽化は日本で特に深刻だが、問題自体は米国でも指摘されている。米国ではそうした状況を「Technical debt」と呼び、日本語に訳すと「技術的負債」となる（なお、本書のタイトルである「IT負債」とは、「ITシステムの技術的負債」のことを指している）。この技術的負債はIT費用の使途を大きく左右する。技術的負債が重いほどIT費用は「ランザビジネス」（現在のシステムを維持していくため）に使われ、その割合は日本では8割、米国では6割という統計値がある。

米国では、IT費用の6割がランザビジネスに使われている状況を問題視している。日本はさらに悪い状況にもかかわらず、この問題を「レガシーシステム問題」として長い間放置してきた。レガシーとは通常「良い遺産」を示すが、ITにおいては相当根深い「負の資産」を表すことが多い。この問題を放置していると、国際競争力の観点で重大な、もしかしたら致命的な状況を引き起こすことも十分考えられる。新興国では過去のシステム遺産がないため、新たなIT技術を活用したDXに取り組むことができる。ITシステムの技術的負債は先進国の問題であり、特に日本では「使い勝手を優先したために複雑なシステム」になっていることが多く、他の先進国に比べて難易度が一段と高い課題となっている。

技術的負債を解決する方法として、米国企業では「マイクロサービス」による基幹系システムの再構築が進んでいる。また、マイクロサービスを導入すれば、DXにも対応できると考えられている。DXではビジネスの仮説検証に合わせてサービスを見直すことが求められる。そこで求められるIT要件は、できるだけ少ないコストで、実際に動くサービスをすばやく提供し、ビジネスサイドのフィードバックによって随時改良できることである。マイクロサービスであれば、小さな単位で作ってリリースできるので、そうした要件を満たすことができる。

20倍から30倍の開発生産性

IT業界自身も技術の進化を受けて大きな転換点を迎えている。

先行しているのは、GAFA（米Google、米Amazon.com、米Facebook、米Apple）を代表とする米国の巨大IT企業である。こうした企業では新たなソフトウエア開発技術を身につけ、圧倒的な生産性とスピードを実現している。従来に比べれば、少なくとも20倍から30倍の開発生産性の増大が見込まれ、ソフトウエア開発は「労働集約的な開発」ではなくなってきている。さらに、これまでソフトウエア開発ではバグがある程度存在するのが大前提であったが、新たな技術はバグの出現率を最小限に抑え、品質面でも大幅に向上する。

これまでのソフトウエア開発は、一定のスキルを持った人を、一定数集めることが必要不可欠と見られていた。これが根本的に変わるということは、日本のIT業界で当たり前のように行われてきた多重請負は不要になり、コスト根拠も人員の稼働数（「人月」と呼ばれる）ではなくなる。多数の技術者が不要なのであれば、ユーザー企業は少数の技術者を直接雇用し、これまでのようにシステム開発をSIベンダーに丸投げしなくなるかもしれない。

筆者がこのようなことを書けば、大きな批判を受けるだろう。筆者は野村総合研究所に所属し、従来型のシステム開発方式であるウォーターフォールモデル（要件定義・設計などの工程を順次確定しながら進めていく開発方式。滝の流れをイメージしており、前の工程には戻れない一方向の開発方式である）の信奉者であると思われているからだ。

正直に書けば、従来型の開発方式を熟知しているからこそ、欠点もよく見えている。技術的な課題を常に見つめ、技術を持って解決していくことが本来の技術者の姿だと思う。その観点でいえば、従来型の開発方式は限界に来ていると感じている。

従来型開発方式が限界に来ているこれだけの理由

第1に、従来型の開発方式では業務要件を決めないとシステムを作れない。しかし、「SoE」(System of Engagement。顧客との絆を結ぶシステム、つまり、インターネットなどで顧客に直接リーチし、効果的に収益を上げる仕組みなどを言う)と呼ばれるDXの本丸では、そもそも要件を確定できない。「確定できないことが業務要件である」とさえ言える。従来型の開発方式で対応するのは困難である。

第2に、ITシステムがビジネスの制約になるケースが頻発している。例えば、法的な対応(消費税対応や元号対応など)やビジネス対応(新たな商品の追加など)に対して、既存のシステム改修にコストと時間がかかってしまうケースが多発している。ITシステムは新たな政策やビジネスに柔軟に対応することが本来の役割であり、そうでなければ「競争優位をもたらす武器」にはなり得ない。少なくとも「制約事項」であってはならない。

第3に、ITは社会インフラとなりつつあり、IT化の範囲が急速に広がっていくと考えられる。その分、ソフトウエア開発の需要は大きくなるが、従来方式の生産性ではそうしたニーズに対応できない。

第4に、すべてのものがソフトウエアでコントロールされる時代が到来したことで、「ソフトウエアにはバグがある」とは言えない状況になっている。背景には、ハードウエアに対するソフトウエアの優位性がある。ハードウエアは設置環境などによって暦年劣化するが、ソフトウエアは暦年劣化しない。ハードウエアに比較してソフトウエアは堅牢さを持っている。さらに、スマートフォンなどのように、ソフトウエアを更新・追加することにより、ハードウエアを変えることなく機能を向上させることができる。これらの更新は、ネットワークを活用することで、グローバルレベルで早く簡単にできる。すなわち、ソフトウエアは、時間と空間を飛び越えてやり取りできるという優れた特性を有している。製品の主軸はハードからソフトに変わりつつあり、実際、ハードの部品の不良状況をソフトが発見し、適切な対応を促す方式が採用されてきている。ここで注目すべき点は、ソフトウエアの欠陥が社会全体に多大な悪影響を与えかねないということだ。現状のソフトウエア開発方式では、膨大なコストをかけたとしても対応が難しいと考えられる。

第5に、ITシステム同士のネットワーク化が進んだことでトラブルが伝播しやすく、従来方式では1つのミスが広範囲に影響しかねない。2018年、ある証券会社から大量のデータが送信されたことにより、東京証券取引所のシステムに多大な影響を及ぼした事故が発生した。1社のソフトウエアのミスで、重大なトラブルが発生する構造になっていることが露呈したのだ。筆者はこれを「都区内の地下鉄状態」と呼んでいる。最近、東京都区内では在来線と地下鉄の接続が進み、利便性が向上した半面、事故・故障が広範囲に伝播し、悪影響を与える事態が頻発している。地下鉄ならほかの交通手段に乗り換えることも可能だが、ITシステムではそうはいかない。トラブルが伝播するスピードや範囲も地下鉄に比べて圧倒的に速くて広い。

従来システムは、冗長構成でトラブルに備えている。トラブルが発生すると、待機している仕組みにすばやく切り替える方式である。しかしこれは、ハードウエアの故障を想定した仕組みであり、アプリケーションソフトウエアは待機している側も同じである。つまり、従来方式はソフトウエア障害には対応できていないことになる（まったく同じ機能をまったく違うプログラム構成で2つ開発すれば可能だが、あまりにコストがかかるためそのような方法は非現実的である）。

ITシステム同士がつながるネットワーク社会に対応するには、1つの線でつなぐのではなく、多くの線（すなわち、小さな機能に分割）を束ねて接続することが求められる。そうすれば、1つの線が切れた（1つの機能がトラブルになった）としても、影響範囲を極小化でき、社会全体に与える影響を最小化できると考えられる。こういった形式を持ったシステムが「エコシステム」(共同利用できるITサービス）化していくことが想定され、そうなれば、同一のインターフェース（API）を持った同一機能のエコシステムが複数生まれ、より信頼性の高い・より使いやすい・よりコストの安いエコシステムの競争になる。

ただ、通常はどれか1つに収れんされることはないため、同様の機能を持つ一定数のエコシステムが存在することになる。この状態を考えたとき、利用しているエコシステムに障害が発生しても、自律的に他の同一機能を備えるエコシステムに接続することが可能である。これは画期的なことであり、今後のITシステムに求められる要件となる。

日本の進むべき方向

従来型開発方式が限界に来ている理由を説明したが、そこで示している課題を克服できる技術は確立しつつある。先に述べた「マイクロサービス」はその代表だ。

日本が世界の中で輝きを放ち続けるには、まず、現状の問題である「技術的負債」を克服することである。そのためには、新たなソフトウエア開発技術を身につけ、日本の強さである「きめ細かく使いやすいシステム」を社会に提供し、それを改善し磨き上げていくことが重要である。

日本のモノづくりは、世界から「安心で信頼できる」というかけがえの無い「競争力」を持っている。今一度、現状の問題を前向きに解決し、世界に存在感を示していく必要がある。そういう思いを込めて本書を著した。

本書には以下のことが書かれている。

・日本のITシステムの課題と進むべき方向性
・日本と米国のITシステムの違いと、日本が遅れている部分
・日本国政府が考えている日本企業のDX
・課題を解決できる新たなアーキテクチャー

本書は、ITの専門家だけでなく、広く一般のビジネスパーソンにも読んでもらいたい。本書は今後必須となるIT知識を持っている方なら十分理解できると思うし、そうあってほしいと思う。特に経営を担う方に理解していただければと思う。

2019年5月　筆者

目次

第1章

日本のITシステムの現状と課題

1

1-1 SoEとSoR

SoEとSoRの関係

ITシステムを大きく分類すれば、「SoE」(System of Engagement) と「SoR」(System of Record) に分けることができる。

SoEは、顧客と絆を結ぶためのシステムで、例えば、対象マーケットを様々な切り口で分割し、分割したそれぞれのマーケット顧客特性に合った訴求方法を提供する。これにより、新たな顧客を取り込んだり、それぞれの顧客にあった商品を訴求したりできるようになり、顧客ロイヤリティを高めることを目的としたシステムである。

一方のSoRは従来型の記録管理を中心としたシステムを指し、一般に「基幹系システム」と呼ばれるシステムはSoRに当たる。情報系システムは、活用方法によってSoEかSoRに分類される。マーケット分析などは顧客開拓につながるのでSoEとなり、営業成績などの分析はSoRであると考えられる。これは1つの解釈にすぎず、また、厳密に分類する意味もあまりないかと思う。

「DX」(デジタルトランスフォーメーション) と深い関係にあ

るのはSoEだが、DXの範囲は非常に広く、DXをITで実現しようすると、SoEとSoRという2つの軸だけで分類して考えるのは困難である。そこで本書では便宜上、新たなビジネスモデルを構築していくDXに関連する部分をSoEとし、SoRはSoEを支える上で必要なビジネスの仕組み全般を表す言葉として定義する。それによって、SoEとSoRの2つで、ITシステム全体を表すとする。SoEとSoRは車の両輪であると言われる（**図表1-1**）。

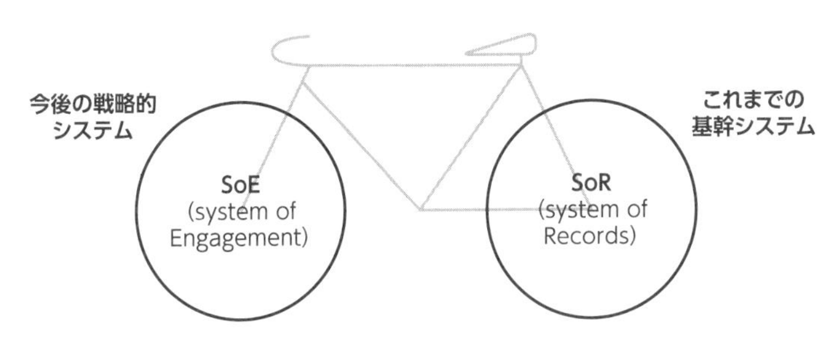

図表1-1　SoEとSoRの関係

例えば、SoE側でグローバル販売を可能とする仕組みを開発する場合、在庫確認が必要になり、SoR側の在庫管理システムと連携するという関係だ。このときSoE側はグローバル地域での販売なので24時間対応のITシステムを開発したとしても、SoR側の在庫管理システムがバッチシステムであれば24時間対応できない。SoRがビジネスの制約になるというわけだ。

この手の問題は、SoEとの関係だけでなく、SoRの中でも発生している。例えば、元号を変更するというケースである。平成から令和に変わる際、「ITシステム対応が大変だから」という理由で1カ月前に新元号が発表されることになったようである。過去にさかのぼってみると、昭和から平成に変わることになった日は土曜日であった。筆者は鮮明に記憶しているが、当時の小渕官房長官が元号を発表したのを受けて、元号表記が「平成」あるいは「H」に変わるようにシステムを修正した。翌月曜日には、すべての対応を完了していたのである。不思議なことに、あの当時すべての会社のシステムは、ほとんどトラブルを起こしていない。当時の技術と今日の技術の差は明白であり、ムーアの法則にのっとるとすれば、1.5年で2倍なので、30年では2の20乗、約100万倍にもなる。にもかかわらず、ITシステム対応は劣化している。

筆者は、こうした状況に危機感を覚えている。筆者はIT技術者として、ビジネスを支えるのが最大の使命だと考える。システム対応には時間や検討が必要ではあるが、ある程度の検討段階から参画し、ビジネスの制約にならないレベルで対応することが、IT部門のミッションであろう。昨今の風潮は、自分たちの仕事の仕方を振り返ることなく、現状を絶対だと認識した上で、新たなIT技術を、IT技術者自身が活用することなく、あるいは、改善することなく、IT技術者の勝手な論理がまかり通っているように感じる。

SoEとSoRの関係に話を戻すと、SoRは他社との競争優位性という観点では重きを置かないが、会社の業務を支えているのはあくまでもSoRである。変化が激しくすばやい対応を求められるDX（本書ではSoE）において、SoRがビジネスの制約になるのではなく、柔軟ですばやい対応ができ、しかも、競争力に関係ないからこそ安価に対応できる。そのようなSoR改革を実現してこそDXは実現する。米国ではこの問題に気づいて地殻変動のように基幹系システムを再構築しており、マイクロサービス化が進められている。

SoEとSoRは、あくまで車の両輪であり双方の革新があって初めてDXが実施できる。

DX（SoE）の世界

DX（SoE）を実現するには、大量データ（ビッグデータ）の分析技術（多量データ処理、AIあるいはディープラーニングなどの技術）が必要になるほか、様々な切り口で特定顧客に訴求する商品を試していく必要がある。いずれにしても、分析結果の妥当性、あるいは、マーケットの切り口の妥当性、あるいは、訴求方法の妥当性などで試行錯誤することになる。具体的には、仮説構築とそれに基づく実験・検証を実施し、さらに仮説を強化して同じプロセスを繰り返し実施することが必要と考えられている。これは「PoC」（Proof of concept概念検証）である。

ちなみに「PoC貧乏」と皮肉られるのは、仮説と実験の繰り返しばかりで検証が終わらず、結果的に何も産まないものになっていることを表している。ただ、そもそもビジネスの仮説が当たる確率は低いので、並行していくつものPoCを実施し、1つひとつの仮説検証を一定条件の下であきらめず追求していくことが求められる。短期的志向の経営姿勢では、そもそもこのような活動は困難であることを認識する必要がある。

経営としては、将来的な会社の進むべきビジョンを明確にした上で、PoCを実施させる必要がある。ビジョンが明確でなければ、仮説の妥当性を確認できない。CEOは「経営の方向性を明確化することが重要な責務である」と自覚すべきである。そのためには、CEOもITに関しての知識が一定程度必要なのは明らかである。

うまくいっているPoCプロジェクトは、「プロダクトの責任者」「ビジネスモデルの担当」「ITシステムの構築担当」の三者の協力で進められている。言い換えれば、「事業家」「ビジネスのプロ」「ITのプロ」の三位一体でのビジネスモデルを構築し、それを支えるITシステムを開発する。プロジェクトは10人程度までの規模で、完全な分業というよりも、互いの領域を理解した上で、それぞれのプロフェッショナルな技術と知恵を発揮し、真剣な議論を繰り返して仮説を検証する。そうすることでブレークスルーを目指す。そのためには、高い志を持った優秀な人材でプロジェクト体制を作り、プロジェクトへの権限と予算を与え、撤退条件を明確にした上で、粘り強く取り組んでいく必要がある。

それぞれのプロジェクトが必ず成功するわけではないため、適切な数のプロジェクトを立ち上げ続けることも必要である。またPoCでは、小さい範囲で始めて徐々に範囲を広げていくステップが望ましい。

最初のPoCのステップは比較的緩い条件で少ない予算から始め、一定期間後にスクリーニングを行い、次のステップに進むものと、そこで止めるものを精査する。次のステップに進む場合、仮説をブラッシュアップして予算を増額し、PoCを継続する。一定期間後に同様に判断し、どこかの段階で最終的な決断をする。

ソフトウエア化

IT技術者の視点で見ると、DXの本質はデジタル化にある。デジタル化とはデータ化であり、データはソフトウエアで処理するため、「ソフトウエア化」と言うこともできる。そもそもソフトウエアはデジタル化されており、デジタル化もソフトウエア化もバーチャルの世界、目に見えない世界である。これらを総称して「ソフトウエア」と表現し、話を進めていく。

「ソフトウエア」には質量があるわけではなく、データを移動させることは簡単である。たとえて言えば、日本に住む誰であっても、最寄り駅に行くより、圧倒的に速く簡単に電子メールで「ソフトウエア」をニューヨークに送れる。また、Skypeなどでは、直接会うのと変わらないレベルでの情報のやり取りが世界中で可能となる。まさに「ソフトウエア」は、時間と空間を越えることができる。

「ソフトウエア」は、与えられたハードの制約を受けるものの、基本的にはサービスの高度化を「ソフトウエア」更新により実現できる。さらに「ソフトウエア」は、コピーなどを実施しても品質は劣化しない。「ソフトウエア」を商品と考えると、在庫を抱えることなく自由にいくらでも保証された品質の商品を即座に作成することができる。もちろん、物流も必要無く、瞬時にあらゆる場所に商品を提供できる。「ハードウエアからソフトウエアへの移行」がDXを進める上での鍵であり、ポイントは、この鍵を既存ビジネスのどの部分に適応すればいいかを考えることだ。例えばKindleは、本（ハードウエア）を単にデジタル化しただけでなく、ページのめくり機能、ラインマーカーを引く機能などを「ソフトウエア」化した。米Amazon.comのe-commerceは、店頭（ハードウエア）の「ソフトウエア」化である。米Teslaは、車をハードウエアでなく「ソフトウエア」で制御することで、機能の持続的な向上を可能にし、基本的にリコールを無くすことを実現している。これらは「データのデジタル化」「機能のソフトウエア化」である。

「ソフトウエア」の特質で重要なことは、品質が堅牢であることだ。「ソフトウエアが堅牢」と言うと違和感を抱くかもしれないが、「ソフトウエア」はハードウエアと異なり、暦年劣化を起こすことはない。酸素にも水にも温度にも強いのである。バグが無い限り、基本的な部品は、理論的には永遠に利用可能である。「主役はハードウエアからソフトウエアに変わる」という変局点が来たと考えると、DXへのアプローチが見えてくるのではないだろうか。

『サピエンス全史』（河出書房新社）によると「5000年前のホモサピエンスと現在のホモサピエンスの“ハードウエア”を比べると、現在のほうが劣っているだろう」という。5000年前の人類は厳しい環境下で生存する必要があり、現在の恵まれた環境とは大違いである。現在の人が5000年前にタイムスリップすれば、食べ物を確保するだけできゅうきゅうとするに違いなく、寒い冬をどうやって越すのか想像もできない。筆者ならあっけなく死んでしまうであろう。ところが、現在の人類と5000年前の人類が戦うと、現在の人類が勝つ。その大きな違いは「ソフトウエア」の違いである。これまでの生物はハードウエアの進化が支えてきたが、人類は「ソフトウエア」によって、これまでの生物が成しえなかった進化（文明）を実現した。そして、地球上で圧倒的な繁栄を誇っている。「ソフトウエア」による進化に変わった瞬間から、これまでとまったく違う進化、広範囲で急速な進化に変貌したと言えるのではないだろうか。

大げさに聞こえるかもしれないが、DXとは、そのような大きな変局点を表しているように思える。

Amazon.comの3つのルール

DXではAmazon.comの仕事の進め方が大いに参考になるので紹介したい。それは、「6ページ」「プレスリリース」「ピザ2枚ルール」の3つだ。

「6ページ」とは、すべての起案に関して、A4用紙6枚の文書で示すことを表している。図表は使用しない。同社によると、図表は何が言いたいのか不明瞭になりやすく、強調したい部分や論理的な構造を理解できない場合があるほか、見る人によって理解が変わってしまう場合があるという。文章だけで事業内容を説明しようとすると、論理構築がしっかりしている必要があるほか、それなりのレベルまでブレークダウンしないといけない。プロジェクト体制の記載では1人1人のタスクの定義まで求められ、相当に詰めた内容を要求される。その文書のレビューでは、まず示された6ページのドキュメントを参加者全員で読むことから始まる。プレゼンテーションは実施せず、全員が読んだ後にいきなり質疑応答に入る。文書のわかりやすさ、明快な論理展開、全体としてのバランスと網羅性を担保していく必要があり、物事の妥当性を判断するには極めて有効な手法だと思われる。

次の「プレスリリース」とは、新たなビジネスを企画する初期段階で、サービス内容のプレスリリースを作成することを意味している。プレスリリースでは、対象となる顧客層に対して、明快にサービスの特徴を示し、その効用を訴求する必要がある。また同時に、価格や制約事項に関しても明確にする必要がある。そういう意味では、新たなビジネスモデルを明確化するとともに、顧客にとって訴求力のあるサービスかどうかを判断できるユニークな方法で有効性も高いと考えられる。

最後の「ピザ2枚ルール」とは、1つのチームの人数を示している。「1つのチームはピザ2枚あれば十分満足できる人数にとどめるべき」というもので、実際のルールは「12人になるとチームを分割する」という。主体的機動力のあるチームはせいぜい10人までのチームであることを表している。チームを分割する際、システムも分割するため、アメーバーのように簡単に細胞分裂できるシステム構成になっていることが求められる。アメーバーが周りから栄養を吸収しながら大きくなり、分割し、また、新たな栄養を求めて動き、さらに分割していくイメージである。

Amazon.comで徹底されているのは、顧客志向とコスト意識である。同社は長い間赤字を続けながらも、顧客に対して価格を下げつつサービスレベルを拡大してきた。顧客に訴求できた後でAmazon.comにとってメリットが生まれるモデルを追求している。コストを最低限に抑えながら顧客の利便性を高めるという優れた戦略である。顧客ではなく株主を重視した経営では四半期決算に追われるが、Amazon.comは顧客へのサービスを徹底的に行うことで顧客を獲得し、結果的に大きな利益を株主に還元している。日本の経営者は大いに参考すべきである。特にIT投資に関しては、日本企業は部分最適を繰り返した結果大きな負債を抱え込んでしまった。これは、ITに対する経営の知識不足・認識不足と、中長期にわたる計画的なIT投資を怠ってきたことが大きいと思う。

IoT

DXはIoTも包含している。例えば、米GEでは、航空エンジンに接続したセンサーから大量のハードウエアの情報を取得し、その情報分析から部品の異常を把握し、故障の前に該当部品を交換するようにしている（これが「ソフトウエア」化）。これらのサービスは、納入後も継続的に対応することが必須となる。顧客は航空エンジンが欲しいのではなく、安定的に安全に飛行できることを求めている。これによりGEは、エンジンを売るビジネスから継続的に安全にエンジンを稼働させ続けるサービスビジネスに変わったことになる。これは、大いなるビジネスモデルの革新である。

さらにIoTでは、次なるステップに移行し始めている。これまでのIoTは、どちらかというとITの世界に閉じていた。様々な機器に取り付けられたセンサーの情報をインターネット経由で集め、集めた大量データをAIなどの技術を活用して解析し、新たな価値を創造することにあった。つまり、既存のITの世界にセンサーという新たな端末を追加し、その端末から発生する大量の情報を解析するもので、これまでのITの世界の延長線上にあった。少し専門的な言葉を使うと、端末とサーバーの間はTCP/IPという共通の通信手順を用いて会話している。このTCP/IPは、ITの世界で20年くらい前からデファクトスタンダートとして使われている通信手順である。それ以前は、SNA（IBM社の通信手順）、トークン（リング状のローカルなネットワークで利用）などたくさんの通信手順が存在していたが、ネットワーク化が世界中で広まる中、現在はTCP/IPに収れんされている。ただ、TCP/IPは「順番が必ずしも保証されない」という特性があるほか、共通の通信手順であるためサイバー攻撃に遭うリスクが小さくない。

一方、工場内などの製造ラインの通信手順は、標準化が進んでいない。他のシステムと接続する必要が無かったので、同一工場内であっても通信手順がバラバラというのは珍しいことではない。製造ラインでは順番が重要なのでTCP/IPそのものでは不向きであり、また、個々のシステムは独立しているので外部から攻撃されることもない。ある意味、平和であった。

製造ラインの情報システム技術を「OT」（Operation Technology）という。IoTの次のステップは、ITの世界とOTの世界を結ぶことである（**図表1-2**）。別の言い方をすれば、「現実世界

(Physical）と仮想世界（Cyber）の連動」であり、これにより、「製造ラインの統合」「顧客の個別ニーズに基づいた個別製品の製造」「注文による商品製造」「仕掛品・部品の在庫状況などの把握」ができるなど、様々な分野でビジネスモデルが変革されると考えられる。SoEとOTを接続すれば、様々な顧客との新たな絆を作ることもできる。

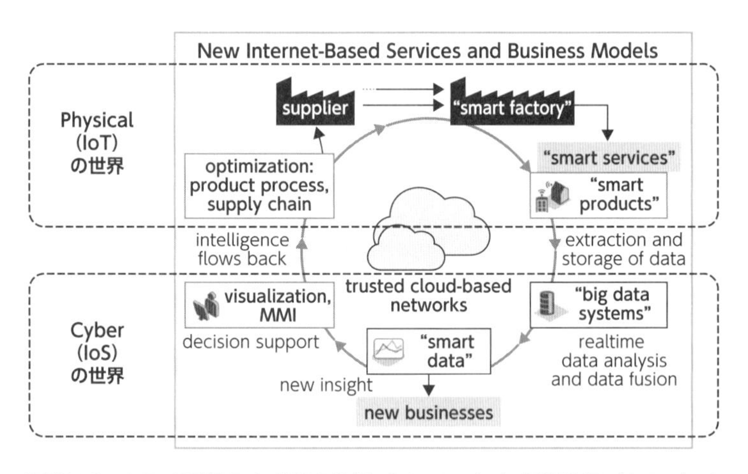

図表1-2 IoTで実現する「現実世界（Physical）と仮想世界（Cyber）の関係図」（出所：acatech（ドイツ学術アカデミー）Prof.Dr.H.kagermann氏の2014年4月講演（@英国王立工業アカデミー）公開資料より抜粋）

ただし、OT側の標準的な手順はまだ確立されていない。先述したようにTCP/IPは「順番が保証されない」という特性があるため不向きであり、たとえ何らかの手段でIT側と接続すれば、そこから攻撃を受けかねず、いかにして防ぐかといった技術的な問題が残されている。この問題に関しては標準化対応がポイントになるだろう。標準化で進んでいるのはドイツ政府主導のインダストリー4.0や、民間企業が主導する米国のIIC（Industrial Internet Consortium）などであり、日本の製造業は強い分野にもかかわらず、各社バラバラで行っている感が否めない。情報のオープン化を含めた戦略的な取り組みが必要と考えられる。

いずれにしても、DXの範囲は非常に広く、様々な業界・省庁が関係するMaaSなども当然視野に入れていくものと考える。本書では、主にSoEを中心としたDXを対象に考えることにする。

1-2 従来モデルの限界

ウォーターフォールモデルの限界

現在のシステム開発は、ウォーターフォールモデルといわれる開発手法を使うケースが多い。順番に工程を進めていく方法論で、一度滝から落ちた水は2度と滝の上には戻れないことを表している。一旦、要件定義をした場合は、それに従って次の設計工程に進むしかないという考え方である。また、大量の水が一緒に落ちていく様から、システム開発のすべての機能が足並みをそろえて次工程に進むことを表している。まさに、大規模な軍隊を規則正しくまとめ目標に着実に進んでいくマネジメントスタイルであり、退却することは負けを意味し、許されないのである。

この手法は、システム化の歴史から考えるとわかりやすい。最初にシステム化された機能は、定型的で大量にある人の事務作業である。筆者が幼かったころの父親の給与明細は、青焼きで細い短冊のような紙だった。その短冊に、給与の総額とか、基本給とか、残業とか、厚生年金とかの手書きの数字が並んでいた（数字の説明はなく、ただ数字が並んでいただけだった）。これは、経理部が、全員の給与を手計算し、手書きで作った大きな紙のコピーを1行分ずつカッターか何かで手で切り分けていたのではないかと思う。当時は銀行振り込みなど無く、給料袋に現金と明細が毎月支給されていた時代である。今と違って、給料日は食卓にごちそうが並び、父親に感謝するイベントの日であった。

しかし、毎月全員分の給料計算を手で行い、給料袋に現金を詰め込む作業は、大変な作業であったに違いない。このような業務をどんどんシステム化し、ATM（現金自動預け払い機）のような入出金や振り込みまでもシステム化されていった。

これらの業務について言えることは、「何をすべきかが明確になっている」ということだ。これまでのシステム化の対象は、このように比較的何をすべきかを整理することが可能な機能が中心であった。そのため、実際に作業している人から要件をうまく導き出し、システムを使う人がイメージできるように説明することで、業務要件を固めていくことが可能であった。ある意味この要件定義の巧拙でシステム開発プロジェクトの成否が決まるといっても過言ではなかった。筆者が上梓した2冊のITプロジェクトマネジメントの本（『プロフェッショナルPMの神髄』『PMの哲学』ともに日経BP発行）も、このウォーターフォールモデルを前提として書いており、特に要件定義の確からしさがプロジェクトの最も大切なことだと記載している。

段階的アプローチの理由

なぜ、順番に工程を進めていくという「段階的アプローチ」を取るかを説明したいと思う。会社の中には様々な組織があり、部門・部・課などに分割されているが、業務は様々な組織の役割分担の中で、全体として整合性をとって実施されている。例えば、要件定義の最初の工程に概要設計という工程がある。この中では、今回対象となる業務フローが作られることになる。各部署は、顧客や他の部署からデータあるいは帳票をもらうことで業務が始まり、データベースに登録したり、顧客あるいは他部署に必要なデータあるいは帳票を作成したりすることで業務が終わる。これらの業務フローの中に、データベースに登録する画面が定義され、作成すべき帳票の定義や次の業務を行うためのデータの定義がなされるのである。この定義されたものを作成するのがシステムの設計である。

ここで重要なことは、部署間あるいは担当者間でやり取りしているデータや帳票の整合性がとれていることである。例えば、ある部署がデータベースに登録した項目を違う部署でも登録したり、同じデータにもかかわらず各部署で違う名称で使っていたりすると、業務としての一貫性を保てなくなる。業務フローは各組織の担当者が作成するため、自部署のことはよくわかるが他部署のことは詳しくない。そのため、矛盾無く定義するのは非常に難しい。

そこで、全担当者が同じタイミングで、同じ書式で記述する。工程ごとに成果物を標準化し、記述方式と記述の粒度を定めて同時期に作成することで、成果物間の矛盾や機能の抜け漏れがわかるようにする。必要に応じて修正、調整、追加作業を行い、全体として矛盾の無いことを確認しながら工程を進めていくやり方をしているのである。この方法は、システム全体の整合性を取っていくには、極めて有用な方法論であり、現在の多くのシステム開発で活用されている方法である。

ただこの方法は、比較的定型的な業務（給与計算など）には有効であるものの、要件が安定していない業務には向かない。要件が変わると、それ以前に実施したすべての工程に影響するからだ。業務フローを修正するということは、すなわち概要設計工程のドキュメントを修正することになり、さらに次工程の外部設計工程のドキュメントも修正することになり、こうした修正が頻発するとプロジェクトが破綻する。業務フローなどの修正は「要件変更」と言い、前の工程に戻って対応することを「手戻り」と言う。手戻りの対応は、工程が進めば進むほど面倒であり、工数もかかる。生産性を低下させ、整合性の確認を何度もすることにより、ミスを誘発しやすくなる。この負の連鎖が、プロジェクトの破綻を招く要因である。

手戻りを最小限に抑えることがITプロジェクトマネジメントの要諦あり、そう考えれば、定型でない業務にウォーターフォールモデルを適用するのは無理がある。ただ、これまでのシステム開発でも、業務が安定しないものに取り組んできた。例えば、情報分析系システムである。様々なシステムからデータを集めて解析するシステムで、最近ではビッグデータ分析などに活用される。情報分析系のシステムは、様々なシステムからデータを集め、それらのデータをいろいろな切り口で分析したり統計を取ったりすることを支援する。データ分析の切り口はいろいろ変化し、必要となるデータもどんどん変化していく。そのたびに、作り直しに近い修正をすることになるが、これらのシステムはデータを集めるだけで、そのシステムの結果がほかのシステムに影響を与えることは極めて少ない。そういう意味では「端っこ」のシステムであり、独立した存在である。また、情報分析系のシステム同士も機能が独立しており、お互いのデータをやり取りするケースは少ない。つまり、各システム間の整合性を保つ必要はほとんど無く、他のシステムへの影響が発生しにくい。そのため、ウォーターフォールモデルを適応することができたのである。

ウォーターフォールモデルはDXには適さない

ウォーターフォールモデルは、これまでのシステム開発では大きな問題が起こりにくく、主要な方法論として使われてきた。しかし、DXではそうはいかない。

第1に、業務要件を一旦決めたとしても、仮説検証後に大きく変更され、これに対してすばやく対応することが求められる。つまりDXの業務要件は「要件変更を許容するという要件」なのだ。これまでのプロジェクトマネジメントの大原則は「いかに要件変更を最小限にするか」であったが、DXではそれに大きく背く命題に対応を求められる。

第2に、DXでは機能を一括して定義し、各機能間の矛盾をなくすというやり方は通用しない。DXのビジョン（経営目標）を達成するには、PoCを複数回実施し、新たなビジネスモデルを複数重ねていくことが必要と考えられる。これは、ＮＨＫで放送していた朝の連続テレビ小説「まんぷく」の主人公（モデルとなったのは日清食品の創設者である安藤百福さん）が、即席ラーメンを作るときに立てた5つの目標がわかりやすい。世にない「即席ラーメン」を、①おいしいこと、②便利であること、③安く提供すること、④常温で保存できること、⑤安全であること、の5つの項目を満たしているものと定義している。ドラマでは、おいしいに対しても、様々な仮説検証を繰り返し、すべてを独立的にかつ関連させながら即席ラーメンを開発している姿が印象的であった。

DXとして説明すると**図表1-3**のようになる。ある機能に対するいくつかの仮説検証の中で1つの仮説検証Ａ1が残ったとする。その後、次の機能のいくつかの仮説検証の中で1つの仮説Ｄ1が残り、Ａ1は大きく影響を受けないが、随時改善されてＡ2になる。この繰り返しで、遂にビジョンを達成することになる。また、その後も各機能は随時独立して改善され、さらに新たな武器としての機能がPoCで追加され、全体としての競争力が強化される。

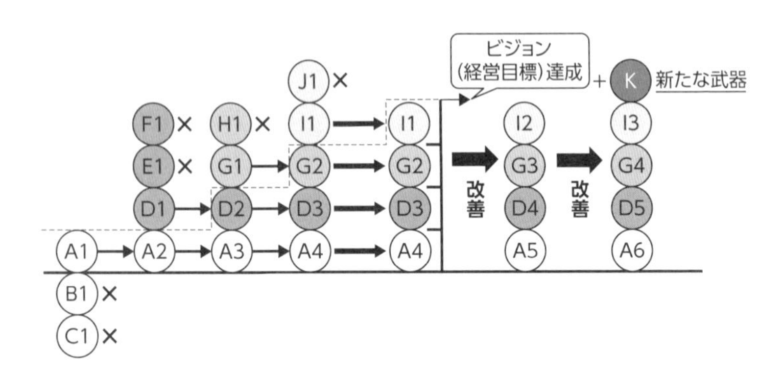

図表1-3 DXの発達モデル

1つの機能でビジョンは達成するのではなく、いくつかのビジネスモデルの改革の積み上げによって達成し、強化されていくものだと考えられる。しかも、新たなビジネスモデルから作られたITシステムの影響が最小限になるように独立し、機能改善できる仕組みが必要になる。つまり、機能全体を一括して定義し、各機能間の矛盾をなくすというやり方は通用しないのである。

第3に、プロジェクトマネジメントの仕方が大きく異なる。これまでのITプロジェクトの場合、プロジェクトマネジャーは、常に全体のシステムの状況を把握し、プロジェクトを成功に導くために、プロジェクト内のすべての権限を有していた。プロジェクトの運営方法には様々な形態はあるものの、最終的な権限はプロジェクトマネジャーが独占的に有していた。基本的なマネジメント手法は、中央集権的なガバナンスであった。

ところがDXの場合、各機能のチームは独立的に活動し、権限を持って活動することが原則である。権限と自由が与えられるからこそ、あらたなビジネスモデルを構築できる。その中で、一定のルールを共通的に持つことにより、それぞれのITシステムが協調的に稼働することが求められる。そのためには、ルールをしっかり守った上で、他ITシステムに対して自らのITシステムの役割と責任、そして自らのITシステムを他ITシステムが利用する際の方法と制限を宣言することが求められる。それゆえ、同一機能のITシステムが存在することをも許容し、より安全で機能性の良い、信頼・支持されるITシステムが選ばれる構造が必要となる。同時に、信頼されないITシステムは、必然的に排除されていくことになる。

これは、これまでの中央集権的マネジメントではなく、民主的なマネジメントである。

民主的なマネジメントをするためには、現在のマネジメントと大きく異なる手法の確立が必要となる。すなわち、全体のソフトウエア開発のルールを制定していくことと、ルールの遵守状況を見守る機能の設置と運用が必要になる。さらに、各システムが利用する共通的な仕組みの構築と、適切な維持運用をしていく新たなマネジメント手法の確立などが求められる。

SoEだけでなく、SoRで顕在化しつつある様々な問題に対する対応としても、新たなマネジメント手法は必要である。

これら3つの理由から、ウォーターフォールモデルは、既に限界に来ていると言える。

現状のシステム構造の限界

ウォーターフォールモデルの問題を整理したが、さらに大きな問題が現在のシステムの構造にあることを述べたいと思う。現在のシステム構造を、米国では「モノリスシステム」と呼ぶ。このシステム構造こそが、実は、最も大きな問題といえる。

モノリスシステムの特性

モノリスとは一枚岩のことであり、前述した有名な映画『2001年宇宙の旅』で、猿に進化を促した知恵の集合体である。すべての知恵が、集結されている状況を表している。筆者は、このモノリスシステムを密結合システムと定義している（**図表1-4**）。

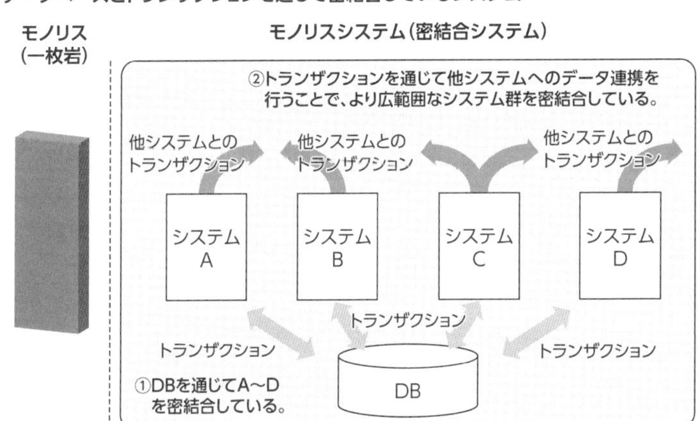

図表1-4　モノリスシステム

図表1-4のシステムA～システムDは、DB（データベース）を共有しているため密結合になっている。この密結合というのは、DB上にあるたくさんのデータ項目の一部が修正あるいは削除、また、データ項目が追加されるような状況になった場合、システムA～システムDのすべてに影響が出る可能性がある状態を意味している。具体的に言えば、システムAの機能追加で、データ項目の追加・修正が発生すると、それを参照・更新しているシステムB～システムDに当然ながら影響を与える可能性がある。例えば、システムBが、修正したデータ項目を参照していると仮定すると、システムBで適切に機能するように修正する必要がある。このように、システムAの修正に伴い、DBの項目が修正された

ことで、影響のあるシステムB～システムDを調査することを、IT部門では「影響調査」と言う。

さらに、システムA～システムDは、トランザクションデータ（TR）を他のシステムにデータとして提供している。TRは、DBの情報を基に作られるため、当然、修正したデータ項目を含むTRも数多く存在する。つまり、他のシステムともTRを介して密結合になっている。このため、影響あるTRを特定し、そのTRを使用しているすべてのシステムに影響が無いか調査することになる。これも、影響調査である。

システムの修正案件に対応するには、このような膨大な作業を着実に行う必要がある。影響調査で抜け漏れが発生するとトラブルに直結するからである。通常、影響調査自体の難易度はシステムの複雑度が高いほど高くなる。さらに、安全サイドに立って、本来の対象範囲より広めの範囲を対象とする傾向が強く、無駄なコストが定常的に発生していることになる。

モノリスシステムの問題

ITシステムを修正する場合、影響範囲全体でテストし、正しく稼働することを確認するが、ここに問題がある（**図表1-5**）。このテストは一般に総合テストあるいはシステムテストと呼ばれるもので、テスト工数は非常に大きくコストがかかり、テスト期間も最低でも1カ月以上かかる。

2種類の密結合があることに起因する問題

問題点1:2つの密結合があることで、システムを開発・エンハンスする場合に結合範囲を確定するための調査が非常に難しくなっている。そのため、より広い範囲を影響範囲と特定して**ムダな作業**を強い、**漏れ**も発生している

問題点2:密結合の範囲で整合性をとるために**テスト（連結・総合）**が必要となる

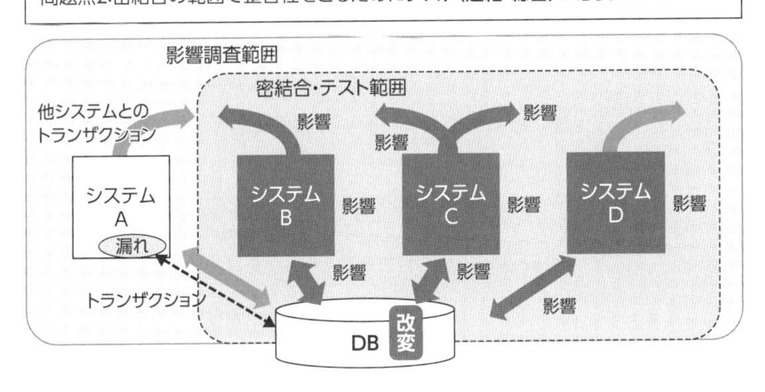

図表1-5　モノリス構造の問題

テストの期間とコストが大きくなるため、何度も行うことはできない。そのため、複数のシステム修正案件をまとめてテストするのが一般的である。効率はよくなるが、結果的に3カ月に1度や、半年に1度の「定期リリース」にならざるを得ないのが実情である。

変化の速いビジネス環境において、「半年に一度の定期リリース」は競争力をそぐことになりかねない。さらに、定期リリースの工数を見ると、テストにかかる工数が多く、全体の5～6割に達している。工数はコストに比例するので、ユーザーサイドか

ら見ると機能向上に比べてコストが高いと認識し、不満を持つことになる。

さらば、密結合

従来のシステム設計の根本思想は、データベースを中心として、トランザクションを活用しながら他システムと連携するというものだ。これが密結合のシステムを生む根本原因である。そして、密結合であることが様々な問題を引き起こしている。

従って、システム設計の根本思想から見直しが必要になる。新たな根本思想にふさわしいアプリケーションアーキテクチャーが「マイクロサービス」である。

マイクロサービスを構築するための開発方法論が必要になるのは当然であり、プロジェクトマネジメントも大きく異なるのも必然である。マイクロサービスの構築における行動方式に関して言えば、アジャイル的にならざるを得ない。実際の適用については、まだまだ課題が多いが、後ほど詳しく述べることとする。

1-3 技術的負債

「技術的負債」(米国ではTechnical debtという) の定義は様々だが、昨今問題となっているのはITシステムの不良資産化であろう。現在の企業 (あるいは公共機関) のITシステムは、長い間に様々な対応を行ったため、結果的に巨大化し複雑化している (**図表1-6**)。その結果、日本企業のITシステム費用の8割がランザビジネスと言われる既存ITシステムの維持・運用に継続的に使われている。それは多額の借金を背負って払い続ける状態に酷似しており、放置していると、払っても払っても大きくなっていく (金額ベースでも比率ベースでも)。また、たくさんのお金をITシステムに投資しているにもかかわらず、新たな商品へのITシステム対応力は弱い。さらに、システムトラブルは大小問わず継続的に発生し、その対応にも追われる。このようになったITシステムが「技術的負債」だ。

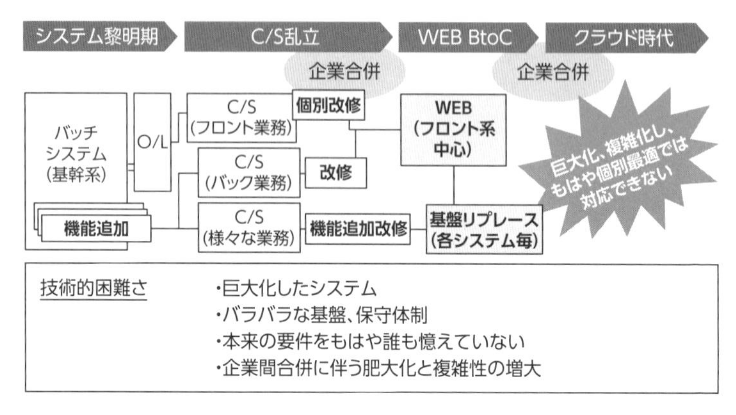

図表1-6　技術的負債を抱えてしまった日本企業のシステム

クラウドが既存システムの息の根を止める

技術的負債はコストだけの問題ではない。オンプレミスのシステム（クラウドを使わずに自前の設備で稼働させているシステム）は、近い将来、クラウドによって息の根を止められてしまうかもしれないのだ。このことを理解するには、クラウドの進化過程を見ていく必要がある。

クラウドの進化

2000年代初頭のクラウドは、ハードウエアやネットワークをベンダーから仕入れ、OSやデータベースソフトも大手ベンダーの製品を使っていた。しかし、進化とともに徐々に姿を変えている。ハードウエアやネットワークを独自に開発し、基本的なソフトウエア群やデータベースソフトなどはオープンに入手できるものを提供する形に変化している（**図表1-7**）。

多くの企業がクラウドを利用するようになったことで、クラウドベンダーは桁違いの大容量でハイスペックなマシンを求めるようになった。市販のサーバーでは対応が困難となり、特別仕様品を開発せざるを得ず、結果的に自らハードウエアの設計を始め、自らハードウエアを作ることになったのである。同様に、ネットワークも基本ソフトウエアも独自に開発することになり、結果的にハードウエア・ネットワーク・基本ソフト・開発支援ソフトウエアなど、順次上位の階層の機能が独自に開発され垂直統合されていくことになる。

クラウドベンダーの１社である米Googleは、コンピュータの心臓部分であるCPU（実際の演算処理を行っている部品）も独自に開発している。このCPUは「TPU」と呼ばれ、人工知能（AI）などの計算に極めて適正があると言われている。実際、データセンター15個分の効率化効果を出したそうだ。なお、こうしたクラウドベンダーが独自開発しているハードやソフトはクラウドの競争力の源泉であり、市販されることはあり得ないだろう。

グローバルなレベルで、ITシステムはクラウドに移行しているのは明らかであり、その結果、既存のハードウエアベンダーは、大きな曲がり角に来ている。もちろんハードウエアベンダーだけ

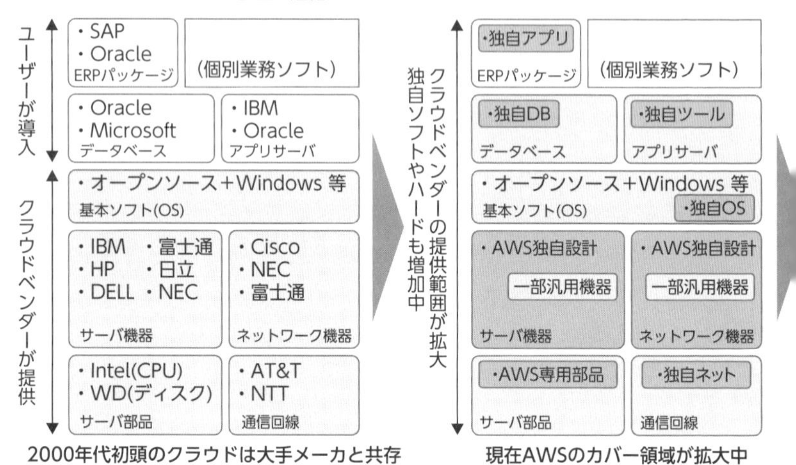

図表1-7　クラウドの進化

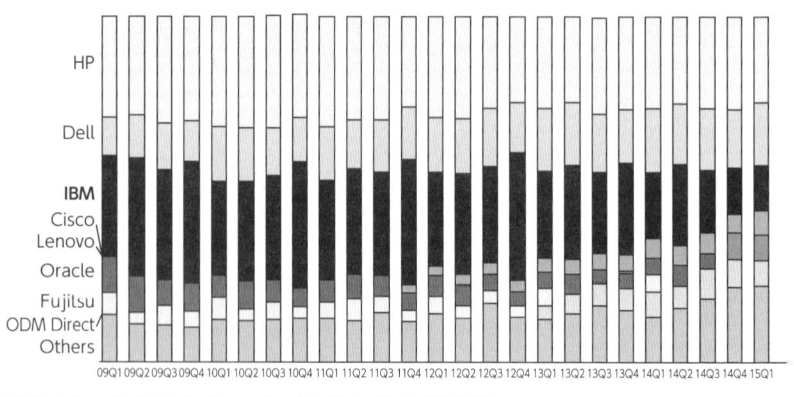

図表1-8　米IBMのサーバー事業の出荷額推移（出所：IDC “Worldwide Server Vender Revenue” '09-'17）

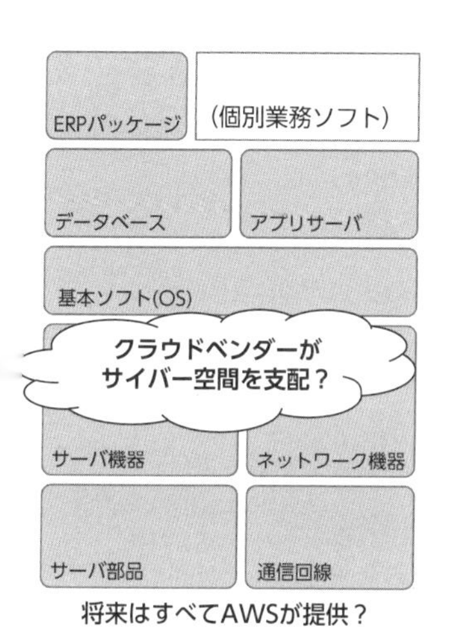

でなく、ネットワーク事業者、データベースなどのソフトウエアベンダー、ITシステムのサービスベンダーなど、ITに関わるすべての企業は、様々な意味でクラウドベンダーは強力なコンペティターになっている。

実際、米IBMのサーバー事業は大きく落ち込んでいる（**図表1-8**）。この図では最終局面（2017年4Q）は回復しているようだが、4年から5年で、5分の1以下に売り上げが激減しており、サーバー事業の収支が大変心配な状況になっている。この状況が続くと、パソコンのように事業売却になるかもしれない。少なくとも、価格の高騰あるいはサービスレベルの低下は免れない状況と考えておく必要がある。

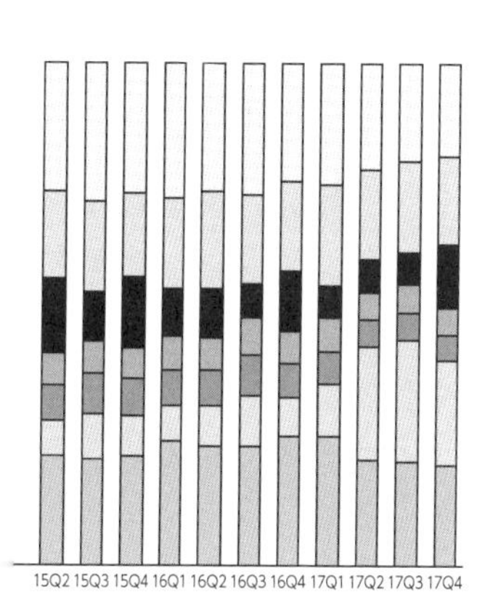

IBMや日立製作所など、ハードウエアベンダーの最近の新聞報道などをまとめると、**図表1-9**のようになる。ハードウエアと密接に関係がある基本ソフトウエアも、サポート範囲が縮小されつつあるのも事実である。この図にある「PL/1」というのは、銀行を中心に多くの企業が利用しているプログラミング言語であり、このサポートが弱まることは、銀行に大きな影響を与える可能性が高い。

メーカーの企業IT向け製品・事業の撤退について

- IBM AS/400の生産終了、OS保守も終了(2019迄に)
- IBM 汎用機言語処理系(PL/1等)バージョンサポート終了
- IBM ブレードサーバ、NW機器事業の譲渡(2004～, Lenovoへ)
- 日立製作所 メインフレーム開発中止(2017)

この状況を放置した場合の深刻なリスク

- 汎用機の処理系サポート終了により、将来のシステム維持管理が困難となる。違う言語による再構築に追い込まれる。
- メインフレーム機器の生産が中止となり、異なるプラットフォームや他社プラットフォームに乗り換えを余儀なくされるが、細かな機能の保証ができないことが判明し、全面的な再構築に追い込まれる。

図表1-9 ハードウエアベンダーに関する最近の新聞報道など

さらに、最近の動向として、ファーウェイをはじめとした中国のハードウエアメーカー製品の使用を禁じる動きが出ている。2018年4月には総務省内で検討が始まっており、2018年秋以降、経済産業省を中心として、調達方法を含めた検討が進んでいる。筆者自身も総務省のサブワーキングなどに参加しているが、随分前から議論・準備が進められていたように思われる。通信事業者だけでなく、電気・ガス事業者、あるいは金融機関などもインフラ産業と定義され、使用禁止の範囲の拡大が想定される。

万が一、中国企業にサーバー事業が売却されるとなると、影響は計り知れない。

ここまで説明したことは、日本企業が所有しているシステム基盤そのものが足元から揺らいでいるということだ。何もしないと「動かないシステム」になる可能性が日増しに高まり、それが会社の生存を脅かす存在となるのだ。

システムを理解できる技術者がいなくなる

さらに、大きな問題がある。ITシステムは人が作るもので、改修するにもメンテナンスするにも人の手が必要だが、技術的負債を抱えているようなITシステムを理解できる技術者はいなくなるかもしれない。

日本企業の既存ITシステムで多く使われているプログラム言語はCOBOLであり、さらに古いシステムになると「アセンブラ」(コンピュータが理解できる機械語にストレートに対応した言語で、論理展開を記述するには、非常に難しい技術と経験が必要)が使われている。このようなプログラミング言語は最近のシステムではあまり使われず、大学などでもほとんど教えていない（情報処理技術者試験からもCOBOLは対象外になるという)。これら古い技術の担い手は高齢化や退職という波にさらされており、これらの言語を用いた既存ITシステムは、維持していくことすら困難になっていく可能性が高い。

ITシステムはあくまでも人が作るものであり、優秀な技術者の確保が極めて重要である。それは今も昔も変わらないが、若くて優秀なIT技術者は世界的に見ても人材不足である。このような人たちが古い言語を習得し、複雑で難解で将来性のない仕事を選ぶとは考えにくい。次世代を担う技術者がいなくなるということは致命的ともいえる問題であるが、時代は着実にその方向に向かっている。

現在の日本の技術的負債は、コストの問題もさることながら、システムを継続的に利用するという観点でも非常に深刻な問題を抱えている。こうした問題は経営の問題であり、気づいていない経営トップは資質を疑わざるを得ない。

1-4 DXは既に始まっている

DXはビジネスモデルの変革を迫ると言われているが、実はIT技術は既に企業のビジネスモデルに影響を与えている。

米Amazon.com

米Amazon.comを例に説明しよう。米国のSearsやToysrusの倒産はAmazon.comの影響と言われている。Amazon.comは長く赤字で、当初はライバル企業との技術的な差は小さく、今のような圧倒的な物流機能も持っていなかった。Amazon.comの出発点に戻ると、新たな展開の萌芽が見えてくる。

Amazon.comの最初のアプローチは「インターネットで書籍を売る」ことだ。今となっては目新しくもないが、「インターネットでモノを売る」前の状況から考えると、劇的な変化を生み出している。まず、インターネットを活用することで、リアルな店舗が不要になる。店舗を構えるには開業資金が必要で、さらに毎月の家賃などの継続的な費用がかかる。それが不要になる。インターネットではハードウエアやソフトウエアにコストがかかるが、ハードの進歩が目覚しかったこともあり、「インターネットでモノを売る」ことは既にコスト優位性があった状況だったと考える。現時点では、クラウドサービスも生まれ、圧倒的なコスト優位性がある。

リアル店舗の場合、駅あるいは商店街などの人通りの多い場所であれば認知され、売り上げを確保できる可能性が大きい。それに対してインターネットは仮想空間であり、Webサイトは山のように生まれていた。そのような状況で顧客をどうやって「入り口」まで連れてくるかが課題で、ここでキーとなったのが検索エンジンである。検索エンジンを使ったマーケティングが重要な客寄せツールとなった。検索結果の上位に自分たちのインターネットの入り口が表示されることが大切となったのである。これは、検索エンジンを提供するサービスプロバイダーが新たな市場を作り出したといえる。

米国では、どのWebサイトが、どの世代・性別・趣味（を持つ人たち）に集客力を持っているのかの分析が進んでおり、ターゲットごとにサイトを選んで広告を調整して出す会社もある。日本の若者のテレビ離れは顕著であり、広告の主体もテレビからWebに移り、インターネットの存在感がますます大きくなるのは間違いない。レストランなどを選ぶ際、その場に行って決めるのではなく、事前にインターネットで調べ、店の点数や口コミ情報などを確認して予約をするのが一般的になってきている。そのような背景もあって、リアル店舗である必然性はますます希薄になっていると考えられる。

インターネットであれば、24時間、自宅からでも会社からでも、移動中の電車の中からでも、いつでもどこでも、スマートフォンがあれば簡単に注文できる。リアル店舗の優位性は商品をその場でデリバリーできることであったが、最近は宅配のデリバリー業者が日本全国を網羅しており、インターネット注文した商品は、好きな時間に自宅に届けてもらうことが可能である。さらに、インターネット販売の商品在庫は、立地コストが低い地方の大きな倉庫（米国では、運送しやすいように高速道路の出入り口近くや空港近くに立てているケースが多い）で集中的に管理されており、商品のバラエティもリアル店舗とは比較にならないほど充実している。売り切れにならないように倉庫にはたくさんの在庫があるが、集中管理しているため、リアルな店舗があるときより実際の在庫は少なく済む。売れ行きがリアルにわかるため、販売数の予測精度は高く、在庫ロスを最小化できる。ほとんど市場に出回らない商品を多く取りそろえることが可能となり（「ロングテール」と言う）、品ぞろえの良さがインターネットの最大の強みになっている。

航空会社

インターネット販売が行われる前は、リアル店舗のネットワークが競争上の強みであった。しかしインターネット販売の存在感が大きくなり、リアル店舗でのデリバリーが減少すれば、リアル店舗を維持するコストが、そのまま競争上の弱みになる。これまでの強みが弱みになるということが、インターネットの力で既に起こっている。

B2B2C企業がB2C企業化している。B2B2C企業とは、最終消費者に代理店などを経由して商品を提供している企業を指している。B2C企業は、最終消費者に直接サービスを提供している企業である。

例えば、航空チケットを購入する場合で説明しよう。インターネット販売が始まるまで、航空チケットは、旅行代理店（JTBや近畿日本ツーリストなど）を通してしか手に入れることができなかった。しかし今日では、国内航空チケットの7割以上は、インターネットを通じてJAL・ANAが直接顧客に販売している。この比率は、年々高まっている。つまり、B2B2C企業からB2C企業にビジネスモデルが大きく変わったのである。

この変化の中で、ITシステムは大きく影響を受けている。そもそもJAL・ANAは製造業のITシステムしか持っていなかった。何を作っている会社かというと、「ある時点・ある場所から、ある時点・ある場所に安全に快適に移動できる席」を製造している製造業なのである。その席を販売するのが旅行代理店だった。その席に座る人の連絡先など必要な情報をJAL・ANAは取得していたが、「以前いつ乗った人か」とか「JALを好んで利用する人か」という情報は管理していなかった。顧客を管理して航空券を販売しようという意識がなかったからである。

ここで、ホームページで公開されたJALの歴史をひも解きながら、ビジネスモデルの変遷を具体的に紹介しよう。1993年、顧客のロイヤリティを高めるためにマイレージプログラムを始めた。その後、ホームページの開設、国内線へのマイレージ適応、アメリカン航空などが加盟するワンワールドに加盟し、2010年に国内線の予約・予約変更・発券をすべてインターネットから実施できる仕組みを提供した。この後、急激にインターネット販売比率が伸びている。マイレージプログラムから17年の年月をかけ、確実に製造業から製造・販売業に変わったと言える。この変化は、IT技術によってビジネスモデルを変革したことを表している。

バーチャルな商品

B2B2C企業からB2C企業への変態は、様々な分野で起きている。特に、商品がバーチャルなものは、この変化に適応しやすい。例えば航空チケットはバーチャルな商品である。航空チケットとは、先ほど書いたように「ある時点・ある場所から、ある時点・ある場所に安全に快適に移動できる席」という商品である。この航空チケットは、飛行機に乗った後も物理的には存在するが価値はなくなる。

同様に、金融商品もバーチャルである。例えば、現金は、物理的には紙切れ1枚であり、物理的な価値はほとんどないが、「日本銀行券」というバーチャルな価値がある。そういうバーチャルなものは、デジタル化に向いている。株式・投資信託は既に完全にデジタル化されている。映画館のチケットも座席を事前に選べるメリットもあり、デジタル化がどんどん進んでいる。航空チケットはeチケット化され、今では完全に電子化されている。パスポートあるいはマイレージカード（事前に登録していれば）さえあれば発券できる。ほとんどの航空会社がデジタル化したため、共有できる仕組みが構築されている。

リアル取引の世界でも、デジタル化は進んでいる。地方の農家・漁業者などから、個人あるいはレストランなどに直接販売することは珍しくない。また、地方の特産品などの個人への直接販売も伸びてきている。

デジタル化は全世代で進んでいる

ここで言いたいことは、「DXは既に起こっている」ということである。その背景には、デジタル化に適応している若い世代がどんどん大人になり、使い勝手がどんどん良くなっているため全世代でデジタル化が進んでいる。ネットワーク環境が改善されたことも大きな理由の1つであり、スマートフォンなどの個人が利用する機器の性能が向上し、使いやすく、低価格で提供されたことも大きい。無料で電話できるサービスなども提供され、ますます、あらゆる世代のデジタル化が進んできている。

会社のデジタル化も進んでいる。ある会社は40人弱の社員を抱えているが、オフィスを持っていない。社員の自宅が物理的な仕事場であり、海外に住んでいる社員もいる。社員は朝、チャットを使って「おはようございます」と書き込むが、あくまでもバーチャルな空間である。打ち合わせが必要な場合は、パソコンに付いているカメラとマイクとスピーカーを活用してテレビ会議を行う。就業時間が過ぎれば、各自が好きなお酒とつまみを用意して、バーチャル宴会を行ったりもするようである。

2012年に、米国の大手フィルム製造会社コダックが倒産した。写真がフィルムと言う物理的な存在からデジタル化されたことが根本原因である。音楽の世界もCDが売れなくなり、2006年、米国タワーレコードが倒産している。ネット経由で楽曲をダウンロードするデジタル化が主流になったからであり、この流れは映像の世界にも確実に影響し、圧倒的な広告チャネルであったテレビもネットにその地位を譲りつつある。

既にDXは2000年以降確実に歩みを進め、その勢いは加速度的に進んでいる。我々の常識をあらゆる分野で破壊し、新たな価値観の世界に突き進んでいるように思う。我々は、これまでのビジネスを根本から覆す変化の中にいると認識すべきである。

既存ITシステムではDXに対応できない

これまで企業が作り上げたITシステムでは、当然ながらDXに対応できない。航空会社を例に、大きくビジネスモデルが変わった場合のITシステムのインパクトについて考えてみたいと思う。

DX対応以前のシステムから話を進めよう。航空会社が製造業であったころの話である。製造業たる航空会社が管理すべきものは、製造する製品である。どの便をどの機体でまかない、その機体はどういう配列なので何席あるかを管理していた。これにより在庫（席数）が確定し、在庫を販売することになる。販売は代理店で完売を目指すが、在庫の状況に応じて機材調整することもある（機体によって席数が異なる）。そして、座席と予約のひも付けが確定し、何月何日の何々便の座席番号という席を表す番号と、それにひも付けられる予約番号の2つが重要な項目（キー項目）となる。実際には、予約情報には乗り換え・往復を含めた座席の情報をすべて含み、座席は予約情報の部分集合になる。予約情報は航空各社の間で基本的に共有できる仕組みになっているため、航空機の乗り換えはスムーズに行われている。

ポイントは、この流れの中に顧客（飛行機に乗る人）が存在していないことだ。顧客は、予約情報の中の属性項目として扱われているのである。航空会社としては座席を管理することが最も重要な業務で、顧客情報は、代理店が予約をするときに必要な項目として取り扱われているだけなのである。

代理店からすると顧客情報こそが重要である。余談になるが、筆者は年に何回か旅行する際、必ず地元のJTBに依頼するので、その店舗には筆者の担当者が決まっており、様々な便宜を図ってもらえる。例えば、筆者の過去の履歴に基づいて旅館のレベルを含めて提案してくれるので、スムーズに予約が決まる。事務処理で時間も無駄にすることもない。快適なサービスを提供され、結果的にJTBに継続的にお金を払うことになる。JTBにとっては、顧客情報が何よりも大切なことを表している。システム的に言えば、筆者の情報を検索すると、現時点での予約状況、過去の取引、顧客の重要な情報（住所・電話番号など）、JTBへの貢献度・その他引き継ぎ情報などが、簡単に顧客番号で検索できるようになっている。実際、担当者不在で別の人が対応しても、完全に引き継がれており、様々な確認などで時間を無駄にすることはない。

ビジネスの立ち位置によって、一番大切なもの、すなわち中心として扱う対象が異なる。その中心として扱うものには、必ず番号が付与される。その番号の体系こそが、それぞれの会社で取り扱うべきものの優先順位を表している。

航空会社の説明に戻れば、マイレージ制度が導入されたことで、顧客を管理する仕組みが必要になった。マイレージの会員番号を顧客単位に発番することで、顧客番号として始めて管理するようになったのである（実は顧客番号とマイレージ番号は必ずしも一致させる理由はない）。航空会社にとってマイレージ番号は画期的な出来事である。

JALにとっての顧客管理は、マイレージプログラムの導入から始まり、顧客管理にマイレージ番号が使われている。マイレージ番号は顧客との接点として利用され、航空券の予約だけでなく、予約状況の確認、あるいは、変更、また、マイレージ数の情報提供、マイレージを活用した航空券の予約、過去の利用状況や顧客個人へのメッセージや特典など様々なサービスに活用されている。

顧客にとって便利で、極めて経済的に有利なマイレージを提供することにより、JALへの強いロイヤリティを持たせることで、顧客の囲い込みをしている。JALの場合は、個々人の搭乗実績により、クリスタル、サファイア、ダイアモンドなどのステータスを定め、優先搭乗、あるいは、荷物の重量制限の緩和、荷物の優先的な出荷、ラウンジの利用などのサービスをステータスに応じて提供している。当然、受付カウンターあるいは搭乗後のサービスも顧客のステータスに応じた対応を行うことになり、ソフト面での対応も併せて行われる。

マイレージ番号を導入して顧客のロイヤリティを高めることは、ビジネス的に極めて重要であるが、ITシステムからすると、あらゆるデータにマイレージ番号を追加する必要がある。過去のデータにマイレージを付加するには、マイレージに登録された顧客の住所などと一致するデータを抽出した上で、マイレージ番号を付加する必要がある。その際、結婚による名字の変更、住所の変更などが発生していることがあり、現実問題としては、マイレージ登録後のデータが対象となる（情報系としては有効なケースもあるのでマーケティングとして活用する）。いずれにしても、すべてのデータにマイレージ番号を付加するのは大変な作業である。

マイレージ登録していない顧客もいるので、マイレージ番号ですべての顧客を管理することはできない。従って、マイレージ番号よりも大きな概念での顧客番号が必要になってくる。マイレージ会員以外も含めた顧客番号という概念では、顧客番号とマイレージ番号は1対多の関係になるため、顧客番号とマイレージ番号は同じにはならない。同一世帯でマイレージカードを複数共有する場合、顧客番号が同一世帯全体を指すことも考えられるためである。すなわち、顧客番号とマイレージ番号は必ずしも同じではないのである。さらに、予約状況を検索するには、従来は、予約番号をキーとして検索していたが、当然ながら顧客番号あるいはマイレージ番号でも検索が可能にする必要がある。これは、ある意味「あいうえお順」で作られた名簿を「ABCD順」、あるいは「生年月日順」で検索できるようにすることに等しい。そもそも既存のITシステムにそのような機能はあるはずもないので、大幅なITシステムの改修が必要となる。通常この手の大規模な修正を根本的に対応するには、作り直しということになる。

しかしながら、作り直すには、多額の資金と期間、さらには、極めて大きなリスクを伴うことになる。

これまではこのような場合、差し迫った最低限の対応を行い、段階的に機能を追加しながら、部分最適を繰り返してきた。そもそも根本的な対応と異なり、不完全な対応となる。このため、システムは複雑さを極端に増すことになる。

コード体系がシステムの寿命を決める

一般的なアプリケーションシステムでは、コード体系の設計がシステムの寿命を決めると言われる。アプリケーションシステムの設計に35年に携わってきた筆者の経験から言えることは、基本コードが変わるようなシステムは極めて不安定なシステムであり、コード設計がシステム設計で最も重要である。

かつて「消えた年金問題」と騒がれたことがあった。この問題の本質は、SE的に言うとコード設計の考慮漏れである。かつて筆者は確定拠出年金システムに携わっていた。確定拠出で中核の仕組みを担う「レコードキーパー」(記録関連運営管理機関)の全体システムを設計した経験がある。当時システム開発の最終責任者として、顧客企業に出向し、システム全体を設計する立場にあった。当然、顧客を管理すべきコードについて調査した。確定拠出年金に加入するには、基礎年金を納入していなければできなかった。また、企業の確定給付の加入状況で拠出の限度額が異なっていた。従って、年金番号に関しては、必ず管理して、既存年金との整合性をとる必要があった。そこで、年金番号をキー項目として扱えるか検討した。

　ところが、企業が変わると年金番号が変更になる、あるいは、年金番号自体が二重に発番されるケースも存在する可能性があるなど、年金番号自体の不安定さを感じ、結果的に、番号は独自に発番することとし、年金番号は属性項目として持つことにした。「年金番号が変わる」というのは、過去の積み立て状況が極めて重要な既存の年金システムにとって致命的な問題である。なぜなら、積み立て実績を個人ごとに引き継ぐには、過去のデータを毎回新たなコードに置き換える仕組みが必要になり、システムの設計としては、極めて困難な仕組みが必要となる。通常この場合は、年金番号と異なる国民ごとの番号を発番し、そのコードで管理し、あくまで年金番号を属性として管理し、年金番号から国民ごとの番号を検索できる仕組みが必要となる。つまり、年金番号をキーとして設定してはいけないのである。あるいは、年金番号は生涯変えない前提でITシステムを構築するしかないのである。

　筆者がこのことを知ったのは2000年の初頭であるが、その時点で「消えた年金問題」が発生することは想定できた。

　ビジネスモデルが変わると、中心として管理する情報が変わる。

そして、中心となる基本コードが変わることになる。このとき、ある意味で、これまでのシステムの使用期限が切れることになる。つまり、その時点でシステムの抜本的な見直しが必要となる。そういう意味では、JALもANAも基幹システムはアマデウスという世界の航空会社が利用しているサービスに切り替えている。

DXを進展させ、新たなビジネスモデルに変化するには、会社そのものといえる現在の既存ITシステムを抜本から見直すことが必須である。それは競争力の源泉とならないが、会社の命を支える既存のITシステムである。効率よく、安価に、早く、リスクを最小化して対応することが、DX成功の鍵を握っていることに間違いない。

1-5 既存ITシステムに内在する課題

個人情報保護・セキュリティの対応

DXに限った話ではないが、既存ITシステムは個人情報の取り扱いが不十分な可能性が高いので、その点について触れておく。

改正個人情報保護法

2017年5月末に改正個人情報保護法が施行され、2018年5月には、GDPR（EU一般データ保護規則）が施行された。そもそも改正個人情報保護法は、GDPRへの対応が1つの大きな目的になっており、この法律を制定したことで、EUからお互いに十分性認定を認め合うことが事実上合意されている。つまり日本は、国内法である個人情報保護法を遵守していれば、結果的にGDPRを満足していることになり、逆にGDPRを遵守しているＥＵ諸国は、日本の個人情報保護法を満たしているという相互認定制度が十分性認定であり、日本はそれを目指していたのである。ただし、日本企業がEUでGDPRを犯した場合は、当然処罰の対象となる。20万ユーロあるいは利益の10%の大きいほうが罰金として徴収されることになり、巨額な負担を違反企業に課すことになっている。昨今、GAFAを中心として、ＥＵが厳しい対応をしているのは周知の事実である。いずれにしても、個人情報保護に関しては、今後とも厳しくなることはあっても緩くなることはないと考えられる。

今回の改正個人情報保護法の主なポイントを説明しよう。まず、個人情報の目的外利用に関しては、目的を具体的に規定した上で、活用することが定められている。従って、「本来の目的以外でも使えます」という形での本人の承諾をもらったとしても、目的外に使うことはできない。というのは、使用目的を合意していないからである。ところが、日本企業の場合、個人情報の目的外利用に関しては、安易な質問で済ませているケースも散見される。また、要配慮個人情報（かつては、機微情報として取り扱われていたがより厳格になってきている）の取り扱いについて、第三者提供した情報のトレーサビリティあるいは第三者への情報提供の停止（オプトアウト）などの処置が必要になっている。さらに、個人情報を加工して「匿名加工情報」にし、自由にデータを活用することが可能である。これにより、外部の情報も含めて、データの利活用を進めることが可能となった。ただ当然だが、個人情報を復元できる加工では基本要件を満たしていないので留意が必要である。

個人情報に関しては、いくつかの対応を既存のITシステムが行う必要がある。まず、どんな情報がどこにどういう状態で管理されているかを明らかにしなくてはならない。これは、DXでも必要となる情報なので、情報の可視化は絶対に欠かせない。

特に個人情報に関しては、分離して管理することがこれからは求められる。「顧客情報」は個人情報と捉えられるが、「住所」「電話番号」と完全に分けて「個人名」を管理すると、個人情報として扱われる可能性は低くなる。個人に関する情報はこのように分離して管理することにより守っていくことが極めて重要なことだと思う。

エストニアのX-Road

2019年にエストニアを訪問した際、彼らの国のシステムの中核にある「X -Road」について説明を受けた。X-Roadでは、個人の情報を分けてデータベース化し、分けたデータベース単位でサービス化していた。新たなサービスを立ち上げる場合は、そのサービスを提供する企業に対して厳しいセキュリティ要件を確認するとともに、必要なデータをすべて提供するのでは無く、最低限必要な情報に限定し、API接続にて提供している。

具体的な例で紹介しよう。エストニアの首都タリンでは、タリン市民はすべての交通機関（バスなど）が無料である。各交通機関は利用者がタリン市民かどうかを判断するために、X-Roadの住所を管理しているサービスに国民番号で問い合わせている。その際、X-Roadは住所を提供するのではなく、タリン在住であるかどうかのみAPIを通じて返す。

ここでのポイントは2つだ。1つは、住所のみを扱うサービスがあることだ。個人情報を一元管理するのでは無く、個別のデータに分離し、その単位で接続要件を確認し、接続を認めていることである。個人情報を集めて使う場合も、複数のサービスにそれぞれ接続した上で、プログラム上のメモリーでしか統合されないように実装される。メモリーの扱いさえ適切なルールを設定し、そのルールを厳守していればセキュアな状態で個人情報を扱うことができる。政府側は、X-Roadを利用するサービスの管理レベルを変えることで､効率的でしっかりとしたマネジメントが可能になる。

もう1つは、サービスに提供すべき情報を絞り込むことによって、個人情報を無効化していることである。先の例では住所を返すのではなく、市民であるかどうかを提供している。個人情報を守る上では、非常に有効な手段である。

エストニアのX-Roadの考え方は先進的であり、個人情報の取り扱いに関して大いに参考にすべきモデルである。例えば、「ワンスオンリー」（国民に２度以上同じことを聞かない）の原則があり、行政は国民の住所が必要になったときは、既に登録されているデータを参照するしか方法はない。住所は１つの機能でしか管理されていないのである。

既存のITシステムに関していうと、上記観点をまったく考慮していないシステムが数多くある。筆者が知っている範囲では、金融のある業態の基幹システムは、まさにほとんどのデータに個人情報を含んでいると言っても過言ではない。また、製造業に置いても、伝票情報に個人情報が含まれている。古い設計のITシステムでは、個人情報をほとんど意識しなかったことから、あちこちに個人情報が存在している。個人情報をしっかりコントロールするには、抜本的な対応が不可欠になる。

攻撃から守る

もう1つの重要な守りとして、セキュリティがある。これは、侵入あるいは攻撃から情報を守ることを中心とした話である。例として、「Struts2」というWebサイトを開発するソフトウエアで説明する（**図表1-10**）。

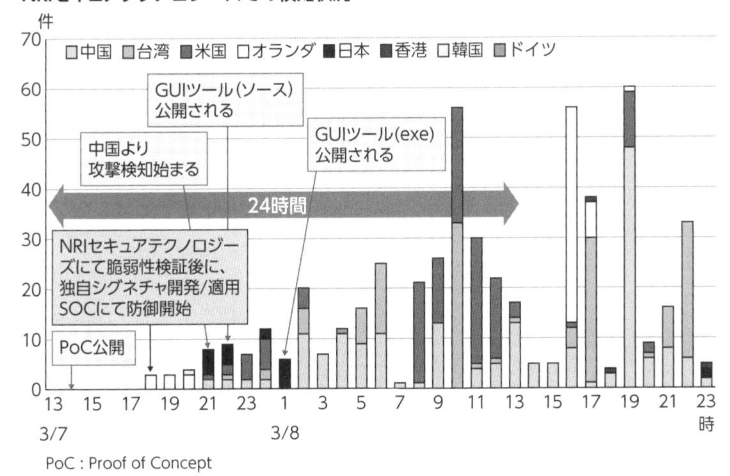

図表1-10　Struts2の脆弱性公開時の攻撃検知状況

PoC（情報セキュリティ用語で、概念実証コードと呼ばれ、何らかの脆弱性を悪用した攻撃が実際に有効であることを検証するためのプログラムを示す）が公開されると、この時点で、対象のソフトウエア（ここではStruts2）を利用しているすべてのWebサイトはセキュリティの欠陥が存在することになり、攻撃を受けると情報漏洩を起こす危険性が高いことになる。**図表1-10**に示しているように、あるPoCが13時過ぎに公開されると21時ごろには攻撃が始まった。このケースでは、国の機関も含め多くのサイトで情報漏洩が発生した。Struts2は多くのサイトで使われているソフトウエアなので、攻撃側は悪意あるプログラム（通常マルウェアと呼ばれる）を直ちに作成し、事前に準備した標的に対して攻撃を加えたのだろう。

これは、既存のITシステム、DX双方にとって対応を迫られている事象である。攻撃はますます高度化しており、守る側に求められるスキルと体制はさらなる進化を促されている。まさに、イタチごっこである。このイタチごっこを継続することしか有効な策は無いと考えられる。

ただ、守るべきITシステムの範囲を極小化し、守る方法を統一化することで、早く確実に対応できることは間違いない。つまり、専門家による監視体制の確立とセキュリティを意識した守りやすいITシステム構成に見直していくことが重要であると考える。

今後ますます重要視される個人情報の管理とセキュリティ強化に対応していくためにも、ITシステムは抜本的な対応を求められていると考える。

日本企業のITガバナンスの崩壊

一時期「EA」(エンタープライズアーキテクチャー)と言う言葉がもてはやされ、多くの大企業あるいは国の組織でその概念が導入された。しかし、この言葉は廃れ始めている。それもそのはずである。うまくいったという話を聞いたことが無い。

EAは組織全体を階層構造にし、最適な状況に効率化していくことを表しており、ITシステムもこれに従った全体最適の仕組みにしていくということである。まさに、理想的で全体を完全にコントロールする方法論としてもてはやされた。このコントロールとはガバナンスということであり、特に「大組織には適用すべき」との考え方であったと思う。

筆者はかねてからEAに対して疑念を持っていた。感覚的にしっくりこないのである。大企業のシステムを担当してきたがどうもしっくり来ない。EAを否定する立場になってしまうが、Amazon.comを訪問した時の話を基に進めたい。

コントロールによるガバナンスでは通用しない

Amazon.comでは数千におよぶマイクロサービス単位で組織が作られている。これらは階層構造ではなく独立した組織であり、前述したように1組織8人程度が標準である。筆者が訪問した際、次のような質問をした。「同じようなマイクロサービスは無いのですか?」。すると先方は笑って「ファジー」と答えたのである。これはつまり、重複したマイクロサービスが存在することもあり、その場合、Amazon.com社内で競争関係にあるということだ。EAとまったくかけ離れた考え方で、まさにエコシステムである。では、Amazon.comにはITガバナンスが働いていないのだろうか。

疑問は続く。ある大企業で既存ITシステム全体を見直すプロジェクトが始まった。筆者はそのプロジェクトの最初のフェーズにコンサルタントリーダーとして参加した。まず、システムの全体を押さえるために「全体システムの構成図」を探したところ、存在しなかった。これは、該当企業に限らず多くの大企業では当たり前のことである。なぜなら、必要が無いからだ。企業規模が大きくなると組織が分割される。そのときの大原則は「その組織が独立して活動できるようにする」ことであり、そうなるとITシステムは「その組織の単位に機能を分割して作られる」ことになる。そして、分割されたITシステム同士は受け渡しするデータを明確にし、このデータに影響が無い範囲で自由に開発できることになる。

ところが、例えば消費税の対応など会社内のシステム全体に影響がある場合は、該当システムへの影響と他Ａシステムから入力されるデータの変更を確認し、結果的に他Ｂシステムへのデータの変更を明確にして他Ｂシステムの担当に説明することになる。このように、それぞれの分割されたシステムは、前後の関係を理解する必要があるが、会社内のシステム全体への影響を知る必要はない。それぞれのシステム単位に影響範囲を確定し、その範囲でテストを実施することになる。基本的に、会社全体のシステムテストを行うことはない。そういう意味では、「全体システムの構成図」を作る必要はない。もちろん、システム全体を再構築する必要がある場合は必要になるが、そのようなケースにならない限り必要ない。

このことが実は、ガバナンス上極めて重要である。全体最適を図るには、全体のシステム構成図は必須であるはずだ。江戸時代に米国人が黒船に乗って日本にやって来た際、伊能忠敬が作成した「日本地図」の正確なことに驚いたと言う話を聞いたことがある。この話の重要な点は、米国人が地図を入手しようとしたことにある。その国を統治しようとしたら、まずその国の全体を把握するために地図は必須である。これをシステムに置き換えると、全体システム構成図が無いということは、既にガバナンスが崩壊していると言える。

ITシステムは日々稼働しており、表面上の問題は無いが、全体システム構成図は多くの大企業には存在しない。そういう意味では、統制という名のガバナンスとは違う形にしていく必要があると筆者は考えている。そもそも、階層構造を持ち、役割分担を明確にし、それに従った最適なITシステムを作っていくことが果たして理想的なのであろうか。このような組織構造は軍隊で採用されている。軍隊は、DXの求める新たなビジネスモデル、あるいは、新たな価値創造やマーケットの創出などができる風土ではないだろう。そもそも、最適化された組織を維持するには、役割分担された組織の役割を超えない範囲で役割を細分化する方向に進むのである。組織を超えた役割分担の見直しは、人の教育あるいは、ITシステムへの影響が極めて大きく、最適化を阻む最大の事項だと考える。

DX時代には、組織の役割分担にとらわれず自由な組織構造への変革が求められる。コントロールによるガバナンスでは通用しないことは明確だ。個々が独立した上で、自然環境のように見えない手でコントロールされるエコシステムのようなガバナンスが必要だろう。

大型合併のジレンマ

話は変わるが、大手銀行の合併がこの20年相次いで発生している。合併する際、ITシステムを統合する必要があり、これは非常に難しいと言われる。ITシステムの統合は難しいので、合併する場合は利用者の多いITシステムに片寄せする。一見、統合される方は理不尽だと思うが、筆者はそのほうがリスクは少ないと思う。

なぜ統合は難しいのだろうか。その理由は、大企業になると組織が分割されているからだ。ITシステムは組織ごとに作られる。仮に会社の役割がA,B,C,D,Eの5つから成り立つと仮定しよう。α社には3つの組織（AとBの役割を持つ組織、CとDの役割を持つ組織、Eの役割を持つ組織）があるとすると、その組織に対応した3つのITシステムがある。β社は4つの組織（Aの役割を持つ組織、Bの役割を持つ組織、Cの役割を持つ組織、DとEの役割を持つ組織）があるとすると、その組織に対応した4つのITシステムがある。α社とβ社のITシステムはまったく異なることになる。

一般的には、規模の小さな企業だと役割分担がほとんど進んでおらず、組織構造が似てくる。そのため、ITシステムの機能も大きな差が出にくい。ところが、大企業になるほど役割分担には様々なバリエーションがあり、結果的に組織構造が複雑になり、それを反映してITシステムは似て非なるものになってしまう。中小企業のほうがパッケージやサービス提供を受けやすいのは、役割分担の分化が進んでおらず、バリエーションが少ないからである。これは、宇宙の大原則であるエントロピー（乱雑さ）は増すという原則に基づいていると思う。

従って、大銀行同士のITシステム統合は、ITシステムが違い過ぎて、片寄せしないと整合性を保つことができないのである。また、ITシステムが変われば操作方法が変わる。統合して新しいITシステムになると、通常業務をこなしながら全員が新たな操作方法を習得しないといけないが、片寄せして利用者の多いほうのシステムを使い続ければ、使い慣れた利用者が半分以上いることになる。これは非常に重要なことである。使い慣れた人員を新たな業務に変わる部署に派遣してフォローすることにより、スムーズな業務移行が実現できるからである。

今後の日本のマーケットは、少子化と高齢化が進む中、必然的に縮小が進むと考えられる。従って、規模の維持拡大を考えると企業合併は避けて通ることができない。ITシステムをどちらかに片寄せするにしても、後から機能の再編がしやすいように、小さな機能の積み上げの形にしていく必要があると考える。再構築をする場合は、人の移行を考え段階的な移行が可能な方式をとる必要があるとともに、その後の機能再編をしやすい形に、機能を独立させ疎結合の方式を採用する必要があると考える。

1-6 日本企業のIT課題

CEOにとってのITの重要性

CEOにとって、ITシステムの重要性は耳にたこができるほど言われ続けており、当然十分認識しているはずである。しかし、本当に認識しているのか疑問に感じる。重要と認識しているなら、システム担当役員（CIO）は、ほかの役員と比べて格が違うはずである。CIOのポジションは高いのだろうか。せいぜい常務クラスではないだろうか。

CFOはCEOから一目置かれる存在だと思うが、それは「財務の知識がないと経営できない」と認識されているからだろう。CIOがCEOから一目置かれていないとすれば、それは、実のところ、「ITの知識が無くても経営できる」とCEOが考えているからではないだろうか。米国では、自社のITシステムについてCEO自身が自分の言葉で詳しく説明できるという。

CEOは、自社のITシステムの課題を、経営にとっての優先順位で説明できなければならない。優先順位に基づいて対策し、その実施状況をモニタリングすることが必要なのだ。

DXをはじめとした新たな事業へのITシステムの状況把握など、IT側に継続的に確認すべきことはたくさんあるはずだ。結果が出ている数字をいくら詳細に分析しても結果は変わらない。それより、新たなビジネスを作り出すために重要な武器の性能や仕上がり具合を気にすることが重要だ。

CEOが経営指標に精通しているのは当たり前だが、ITに関してもそれ並み、いやそれ以上に精通しているべきだと思う。今後のビジネスそのものに影響するからだ。そういう意味では、マーケットの知識と同様のレベルが求められる。

IT出身のCEOは極めて少ない。その傾向は昔も今も変わらない。筆者はCEOが「ITは重要だ」という話を聞くたびに、「具体的にどんな行動に起こしたのだろうか？」と思ってしまう。行動にこそ真実がある。CEOが1度もITの現場に出向かないなど考えられない。

筆者がお客様と共にプロジェクトを進めていると、何度か同じような話を聞くことがある。新たにIT部門に異動になった人から「これで、俺の会社人生もお先真っ暗だなぁ、今回の人事は左遷だよね」といった声が聞こえてくるのである。ほんの数年前まで、もしかしたら今も、日本企業のIT部門は、まさに各事業部門の下請けという位置づけだったように思う。各事業部門から様々な案件を依頼され、十分な仕様説明も無く、ぎりぎりまで仕様変更に苦しむIT部門の方々を何度見てきたことか。何とか期限に間に合わせたとしても、お礼の言葉を各事業本部からかけてもらうケースなど聞いたことも無い。さらに、トラブルでも起こせば悲惨である。現場各所からのクレームの嵐である。必死に走り回って対応しているITの担当者に、事業部門の人がどなりちらしている場面に遭遇したこともある。今なら完全にパワハラであるが、今も実質的な取り扱いは変わっていないように思う。そういう行為をしてIT部門の邪魔をしても対応が遅くなるだけなのに、彼らの論理は、「俺らがお前たちを食わせてやっているのに、失敗して俺らに迷惑をかけるとは何ごとだ」である。そこには、日々の彼らの仕事を支えて懸命に努力している人たちの価値とか感謝とか微塵も感じられない。IT部門の方々が昼夜を問わず働き、現場からの誹謗中傷にもめげず、一心に会社とお客様のために頑張っている姿を知らないのだと思う。

筆者は、そういう事業部門の人がいる会社のIT部門の方をいつも感心して見ていた。筆者らIT企業の人間はプロジェクトが終了すれば事業部門の人たちと接しなくなるが、IT部門の方々はずっと続くわけである。それは大変なことだと思う。IT企業は、そのような方々を支えるのが仕事である。筆者はIT部門の代わりに事業部門に対して好き勝手な話をさせていただいたことがあるが、決しておかしな話をしたつもりは1度もない。顧客のために主張しただけである。しかし、IT部門は、現場の話になかなか反論できない立場でもあり、IT側から事業部門に意見するのは好き勝手な話になるのである。いずれにしても、いくつかの企業のIT部門の方の悲哀を30年近く見ていたこともあり、CEOが急に「ITを重視している」といっても、なかなか飲み込むことができない。

昨今、DXという言葉が出てきたこともあり、「これからはITが中心だよ」とCEOが言い出し、「よろしく頼むよCIO」と言うケースもあると聞く。「初めてCEOに期待された」と喜んでいる場合ではない。相変わらずの丸投げが続いていると認識した方がよい。ITを有効利用してどんなビジネスを目指していくべきかを明確にするのは、あくまでビジネスサイドの話であり、まさにCEOが自ら考えるべきことである。それを「よろしく頼む」は無茶振りであり、ITを重視しているCEOなら決して言わない。重要と思うことは、必ず自ら学び始めるはずだ。

結論から言えば、CEOはCIOとちゃんと会話できることが必要だ。たとえIT業界でよく出てくる3文字アルファベット（ASPとかSAPとかAWSなど）でも、その場で意味を確認して理解する努力を怠らないことである。また、CEOが、IT部門と事業部門の適切な役割を指示し、監督できる必要がある。

何よりも大切なことは、CEO自身が、ITがもたらすインパクトを理解し、会社が進む方向をビジョンとしてまとめることである。そのビジョンに基づいた新たな計画を作り、進めていく。複数の具体的な施策を実行しつつ、常に見直しを図ることができるような計画を作る必要がある。ある意味、達成必須な目標では無く、迷走しながらも、着実に前に進み、CEOの描いたビジョンを達成していくことが見える形にするのだ。

企業を取り巻く環境は極めて厳しく、これまでの延長線では、減退あるいは退場の道しか残っていないと思う。ただ、今一度、現在のビジネスのあり方を根本から見直すことができたなら、ブルーオーシャンが広がっているように思う。早い段階でDXの洗礼を受けた業界の1つにフィルム業界がある。コダックになるか富士フイルムになるか、すべての企業がそういう状況にいることをCEOは認識すべきである。

CEOとCIOの役割分担

前項に記述したように、CEOが、ITに関して基本的な知識を持つことが、ITを企業戦略の重要な柱に据えることになると思う。その上で、CIOとの役割分担が重要になる。

CIOは、CEOの直轄的な位置付けにする必要がある（**図表1-11**）。本社担当役員と同レベルで、各事業部門と対等な位置付けにすることが必要である。

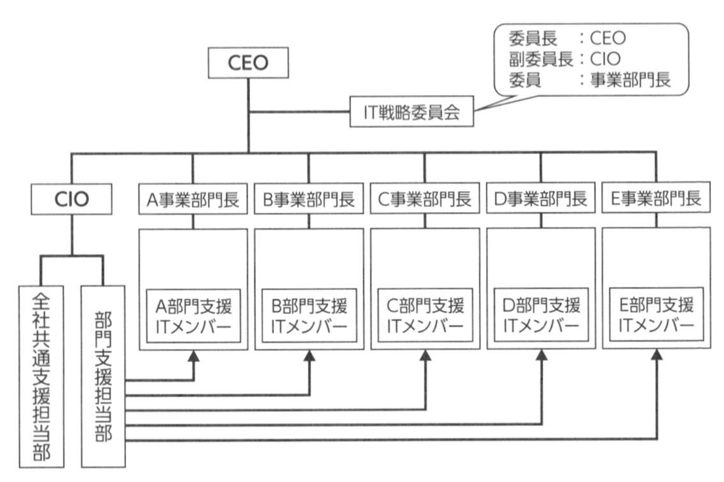

図表1-11　CIOの位置づけ

今後は、IT部門のメンバーがある意味事業部門のメンバーと一体化し、ビジネスを創造していく必要がある。そのために、各事業部門にIT部門から人材を供給し、一体となった活動を行える組織構成とする。IT部門のメンバーは、単に部門支援という立場だけでなく、全社的に守る必要のあるITのルール、例えば、他システムと接続する場合の申告・セキュリティ・個人情報の取り扱い・利用するシステム基盤などを各事業部門の担当として守っていく責任も持つことになる。各事業部門が独立性を高め、新たなビジネスの創造を効率的にサポートすると同時に、全社で最適化すべき部分の確保と共に、セキュリティなどのリスクを最小化することが必要になる。

そのためには、適切な報告をIT部門にも行うことが求められる。さらには、定期的な技術研修を事業部門のITメンバーにしていく必要がある。また、様々な部門をITメンバーが経験することが、ITメンバーの成長に多いに役立つと共に、他部門の経験で得たノウハウを新たな部門に共有する効果もある。人事異動は定期的に行うのを基本として、人事権ならびに評価件は、CIOが持つことが前提となる。ただ、人事評価に関しては、事業部門長からの評価を加味して、最終的にはCIOが決定することとする。

CIOの役割の1つめは、ガバナンスを含むセキュリティルールなど全社で守るルールの策定・改善・維持である。2つめは、勤怠管理、各種経費関連などの全社共通的なシステムの設計から開発の責任を負う。3つめは、クラウドなど利用すべきシステム基盤の設計と開発と提供を行う。4つめとして、今後必要となる技術などを見極め、現場のシステム化ニーズなどを押さえた上で、ITシステム全体の計画を常に更新していくこと。こうした役割が必要になると考えられる。

さらに「ITシステム委員会」なるものを設置し、共通業務の改革の方針や各事業部門のビジネスの優先順位を明確化し、IT部門の活用の優先順位を決定し、全社のIT関連ルールの承認、新たなビジネスの各事業での協力体制と権限の承認などを行う。ITに関して全社的な調整が必要な場合は、CEOが委員長、CIO

が副委員長、各事業部門のトップが委員である、月1回ペースの会議で調整する。その会議の事務局はIT部門が担う。これは1つの案だが、このような体制あるいはファンクションが必要だと思う。

いずれにしても、CIOは、IT分野に深い専門性を持つと共に、事業部門の基本的な事業内容を理解している必要がある。その2つを持って、守るべきものと事業部門と共に戦っていくものとをバランスしながら、IT部門の戦力を活用する必要がある。守るべきものとは、全社にとって、ルールの設定・改善・廃止の推進や標準化の推進などを含み、全社の最適化を意識した活動を継続的に行うことである。例えば、既存ITシステムの刷新計画を粛々と前進させていくなど、会社全体としてのITシステムの課題を認識し、優先順位に基づき計画的に進めて行く活動である。CEOも、全社の課題の共有や優先順位、ルールや標準化などに関して、CIOと共通意識を持つために適切な議論と説明をCIOに求める必要がある。また、個別事業に、IT部門がどのように関わり、進めていくかについても、CIOとの意識のすり合わせを常に行う必要がある。ある意味、CEOとCIOは、信頼関係の下、お互いにいい緊張関係を持つ間柄と言える。従って、週に1度は、CEOはCIOと状況を共有すると共に、最低でも半年に1度は、全体のITの方針をCIOと共に見直していく必要がある。

CIOとIT部門の課題

CIOに関しての課題としては、ITの専門性を身につけている人ばかりではないということがある。また、IT部門出身のCIOも、自社のシステム以外はよく知らないことがある。ビジネスモデルが大きく変わるとシステムの形態も大きく変わる必要があるが、既存のビジネスに基づいて作られているITシステムを金科玉条のように思っていると、とても対応できない。

IT知識の専門性に関しては、1人で様々な知識を習得するのは難しい。そういう意味でも、「チームCIO」を構築していく必要がある。CIOはITの見識を持った上で自社事業を把握し、さらにチームを作って自分の比較的弱い部分を補えるようにするのだ。例えば、今後のビジネスモデル変更に伴い、参考にすべき業界のシステムの有識者や、自社に必要な技術を見極めるために適切な情報を収集する部隊を設置する人材、アジャイル開発などの新しいアプリケーションアーキテクチャーの技術者などをメンバーに入れておく。

IT部門の問題も大きい。DXに対応しようにも人材がいない。それも2つの「いない」がある。

第1の「いない」は、人材そのものがいない。現状の仕事で既に満杯であり、新たな分野に回す人が物理的にいないということである。この問題の本質は、既存のITシステムにIT部員の大半を既に取られていることだ。DXの重要性をIT部門は理解しているが、まず、目の前のITシステムを正しく動かさないと会社の維持そのものが危険である。

DX対応は、これまでのようにパートナー企業主体では難しい。なぜなら、業務仕様の確定が難しく、開発の責任を含めた、役割分担の定義が難しく、成果物に基づく受託契約が難しいからだ。仕様変更があまりにも多発するため、その都度見積もりをお願いして、見積もりの妥当性をチェックして発注するといった形式は事実上できない。顧客が主体となり、自ら開発責任を負うことが必要になる。ITベンダーとは、工数の範囲での責任を前提とした準委任契約が主流になると思われる。

さらに、DXビジネスでは、1つひとつのプロジェクトに、事業責任者、ビジネスモデルの設計者、ビジネスモデルを具体的にシステムに表現していくIT人材の三位一体の活動が必要になる。できるだけ早くシステムを提供していくには、IT部員が内容に踏み込み、具体的なソフトウエア開発を自ら率先していく必要がある。その上で、ITベンダーと準委任を前提とした契約を結び、IT部門を支援してもらう。従って、DX側に多くのIT部門の人材を再配置する必要がある。そのためには、競争優位性の比較的無い基幹システムから、人材をシフトしていかざるを得ない。

第2の「いない」は、DXに対応した物作りをできる人材の不足である。現在、企業が抱えているIT人材は、既存のITシステムを支えるための技術を取得した人材が中心である。一般的にこれらのIT人材は、ウォーターフォールモデルに特化してソフトウエア開発を実施してきた世代であり、便宜上「旧世代IT人材」と定義する（本来的な意味では、ウォーターフォールモデルは、決して今後も不要になる技術ではないが、便宜上そういう呼び方とする）。新たに求められるIT人材は、アジャイル型のソフトウエア開発を主体として行う世代と言うことで、仮に「新世代IT人材」と呼ぶこととする。

「旧世代IT人材」を「新世代IT人材」にスキル転換していく必要がある。そのためには、まず、新たな開発方式を学ばなければならない。そのためには、外部の力をどう生かすかが必要になってくる。新たな人を採用することも当然必要になるが、そもそもどういう技術が必要なのかわかっていないのに採用するとなるとかなりのリスクを伴うことになる。リスクはある程度覚悟し、経歴と人柄で採用していくしかないと思う。

また、ITベンダーのパートナーシップも非常に重要である。ITベンダーは、社員を出向させることに協力的ではない。はっきり言えば、赤字だからである。ITベンダーとのパートナーシップをどう結ぶかを考えていく必要がある。

もう1つ重要なことは、実際に適応する場を提供することである。アジャイル型の開発プロジェクトを安定的に立ち上げ、「旧世代IT人材」を育成する場を作るのだ。

IT部門のマインドセットも重要である。三位一体で一緒にビジネスを作り上げるマインドが、「新世代IT人材」には求められる。これまでIT部門は、会社の中では各事業部門の下請け的な立場になっていたので、対等に議論し、自らIT活用の仕方を提案していくというマインドを持つ人材は多くない。

これはIT部門の課題というより、むしろそういう立場にさせてきた経営の問題でもある。IT部門のメンバーに対する対応の仕方を、事業部門の社員の心の中に完全に刷り込ませてしまっている。このマインドセットの変革は、DXがうまくいくかどうかの大きなポイントになる。

さらに、IT部門のメンバーは、実際の現場に入り込んで、各事業部門のCIO的な活動が求められることになり、幹部社員とも積極的に議論する必要がある。より積極的なビジネスへの関わりを持つマインドが求められる。当然、会社のキャリアの中の位置付け、人事評価、勤務形態の優遇（裁量労働制の適用など）、優秀な人材のIT部門への転出など、様々な手段を講じる必要がある。

IT部門のメンバーが事業部門で実績を出し、様々な部署からオファーされるような状況を作り出すことが求められている。

ITベンダーとの関係

これまで、ITベンダーとユーザー企業の関係は、IT部門との関わりが中心であった。そういう意味では、ITベンダーの立場でユーザー企業の社長にお会いする場合も、表敬訪問の域を出ることはほとんどない。筆者自身、ユーザー企業の経営トップとじっくり話したというのは数えるほどしかない。ユーザー企業にとって、これまでITベンダーはあくまで取引先の1つにすぎなかった。だが、これからは大きく変わってくる。

その話の前に、まず、IT技術者はどこで働いているかを説明しよう。IT技術者は、なんと4分の3はITベンダーに所属しており、ユーザー企業には4分の1しか所属していない。米国は逆で、ユーザー企業側に多くのIT人材がいる。DXではユーザー企業側のIT人材が必要になるので、日本の現状はかなり厳しい。

なぜ日本ではこういう構成になっているのだろうか。その根本原因は、人材の流動化が進んでいないことだ。ユーザー企業サイドで大規模なITプロジェクトを発足させた場合を考えてみよう。この場合、当然ユーザー企業サイドは、人材を集める。IT部門の増員を検討するが、たいていは十分な人員を採用しない。なぜなら、プロジェクトが終了したからといって、人員を解雇するのは困難だからだ。米国では、契約期間限定のIT人材（通常チームであることが多いようだ）を集めるのが一般的である。日本にはそのようなマーケットがなく、結果的に親しいITベンダーにユーザー企業の役割を含めて発注することになる。ある意味、ITベンダーは、ユーザー企業の人件費の流動化というミッションも背負っていることになる。

大規模なITプロジェクトを発足させた場合、上記のような理由から、IT部門は本来必要な体制を取ることができない。ということは、ユーザー企業にプロジェクトを責任持って遂行するケイパビリティが不十分であるということだ。しかし、プロジェクトは成功させなくてはならない。そこで、受託契約と言う概念が生まれたのではないかと思う。米国では、ITベンダーとの契約は時間制である。ITベンダーは成果物の責任を負わない。日本的な受託契約の話を米国のIT技術者にすると決まって「アンビリバブルだ。詳細な仕様も明らかではないのに、期間あるいはコストを約束するなんて不可能だ」という。まったく持っておっしゃる通りなのである。たとえるなら、鍋料理であることは決まっているが、具体的な鍋の具材はわからないのに価格および料理の出来上がり時間などわかるわけがないということだ。

日本の場合、ITベンダーが責任を取らないと、ユーザー企業は安心してプロジェクトを実施できない。つまり、何かプロジェクトで問題が発生したら、ITベンダーが何とかしてくれる、そういう前提の上で成り立っているのである。この前提でどのようにすればプロジェクトがうまくいくのかは、筆者の前著（『PMの哲学』）を参考していただくとして、IT部門とITベンダーの関係は、非常に深く複雑な関係となったのである。

結果的に、ユーザー企業はITベンダーに丸投げするという問題が起こっている。丸投げゆえに価格の妥当性をユーザー企業は判断できないが、取引先との透明性の観点から、複数ITベンダーの見積もりを取って選択する方法が一般的になっている。ユーザー企業は技術的な側面を判断できない場合も多く、単に金額だけの比較となり、適切なITベンダーを選択できずに、プロジェクトが破綻していくなど、数々の弊害をもたらしてきている。

また、最近ではユーザー自身が業務要件を定義する能力を失いつつあり、ITベンダーサイドは、プロジェクトのコントロールが極めて難しくなり（要件が決まらずプロジェクトが蛇行しはじめ、結果赤字になるケースが増大）、ITベンダーも保身に走る傾向が強まってきている。ITベンダーとIT部門の関係も、良好とは言えなくなってきている。

ところが、DXは待ったなしの状況である。現実的には、IT技術者はITベンダー側に集中しており、ITベンダーを活用しないとユーザー企業は体制を作れない。そのIT技術者不足の問題も含め、新たな業務領域の知識やIT能力の補完、既存ITシステムの再構築による最適化あるいは非競争領域の共同化、サービス利用などの検討を進めるには、ITベンダーをうまく活用するしかない。IT部門というより、経営トップがITベンダーとどう向き合うかが問われていると思う。

1-7 ITベンダー側の技術的負債への対応

技術的負債を見逃してきた理由

ITベンダーが技術的負債を認識したのは、いわゆる金融機関が「第三次オンラインシステム」を開発したころだ。なぜなら、このころシステムが肥大化して「マンモス化」していると言われていた。「マンモス化」とは、巨大化したために絶滅していく運命を表していると考えられる。具体的に言えば、ITシステムは規模が大きくなり過ぎてきており、全体を見渡して、全部を作り直すのは物理的に困難だと思われていたのである。確かに、これ以降「第四次オンライン」と言う言葉は出てきていない。すなわち、1度に全面的なITシステムの更新はされていないのである。

この時点で、既にITシステムは技術的負債になりつつあったということだ。既存ITシステムを再構築するには巨大なコストが発生するとともに、段階的な開発による移行をせざるを得ず、開発期間も数年から10年程度必要となる。また、既存の仕組みの再構築であるがゆえに大きな付加価値をユーザー企業にもたらすものでもない。どちらかと言えば防衛投資に近いものである。お金がかかり、システム開発のリスクも大きく、新たな付加価値ももたらさない。そのため、実際、IT部門は、既存ITシステムの再構築を、経営に説得するのは難しかったのである。

それから、結果的に約20年間ITシステムは放置されてきたことになる。その間、新たなインターネットシステムなどが次から次へと無造作に追加され、ますます技術的負債は巨大化し、複雑化してしまった。逆算すると、遅くとも2010年ごろには、ITベンダーはこの問題に気がついていたと思われる。政府も、2003年に電子政府構築計画の調査を開始し、レガシーシステムの刷新に動き出していた（進んだものもあるが、いまだに多くのレガシーシステムが政府にあると想定される）。

筆者自身の感覚でも、2005年ごろには、いわゆるレガシー問題にどう立ち向かうべきかを考え始めていた。2005年ごろから、既存ITシステムの維持管理の負担の増大が顕著になってきた。特に、複雑で規模が大きくなったため、様々な案件の影響範囲を特定し、プログラムの修正範囲を確定させる調査が難しくなってきた。さらに、修正範囲が結果的に広くなったため、テストの範囲も広くなり、コスト増大と開発期間の長期化が大きな課題となった。

当時、モダナイゼーション（近代化）というマイグレーションが盛んに行われた。このマイグレーションというのは、現状のプログラムを新たな環境で、場合によっては、新たなプログラムに変換し、稼働させる方法である。現在でもこの方式は継続している。

この方式は、脱メインフレーム（旧型の大型コンピュータ）を主に目的としていた。ハードウエアなどが古くなり、サポート切れを起こしたため、新たなサーバー上でそのまま動かせる方式である。ある意味で、規模の巨大化と複雑性はそのままにし、問題の先送りをしてきたとも言える。

そういう意味では、眼前の課題に対して、ITベンダーは様々なツールを提供し、本質的な対策ではなく、問題を先送りしてきたのが実態である。現状も、DXの柱の1つであるRPA（Robotic Process Automation）があるが、実は、既存ITシステムをRPAでラッピングして、あたかも、既存ITシステムの使い勝手が向上しているように見せている。レガシー問題の先送りになっているように筆者には見える。

ITベンダーが技術的負債を見逃してきたポイントは2つあると思われる。第1は、超巨大な既存ITシステムに対して、どういう形でアプローチすれば、再構築できるかが見つからなかったという技術的な問題である。第2に、眼前の対策として、マイグレーションなどの技術開発がなされ、問題を先送りする手段を提供するとともに、ユーザー企業も再構築というリスクから逃れるために、眼前の対策に終始したということだ。

技術的負債は確実に大きくなって、もはや手をつけざるを得ない状況に達したと言える。従ってITベンダーは、個別には、ユーザー企業に対して、再構築の提案を何度か続けてきていると思われるが、ユーザー企業に決断を迫るほどの提案をしていないと思う。それは、ITベンダーもこの問題の困難さを認識し、リスクを取れるだけの解決策を持っていなかったことが大きいと思う。

技術的負債に対応するための技術的課題

技術的負債の技術的な課題は大きく4つに整理できる。

技術課題1「超巨大システムの分割」

第1は、「超巨大システムの分割」である。超巨大システムを分割して対応可能な大きさにすることが可能であれば、技術的負債という問題を解決できる。つまり、「超巨大システム」を「大規模システム」に分割する方法を、方法論として整備することが求められるのである。

大規模システムの規模に分割すれば、これまでITベンダーが培ってきた方法論を適用できる。筆者の著書『プロフェッショナルＰＭの神髄』では、大規模ITプロジェクトを進める上での要諦をまとめている。その本では、「超巨大システム」を「トータルシステム」、「大規模システム」を「機能システム」と定義している。

簡単にそのやり方を説明する。機能システムの集合体としてトータルシステムを表現することで、網羅的に現状のシステム全体を整理することができる。これを「全体システム構成図」と呼ぶ。さらに機能システムをサブシステム集合体として記述することで、全体のシステム構成が明確になる。これをas is（現状の姿）と呼ぶ。

次に、今回のITシステムの刷新の目的を踏まえた上で、to be（あるべき姿）として、本来あるべきトータルシステムを新たな機能システムの集合体として設計する必要がある。当然、新たな機能システムを新しいアプリケーションアーキテクチャーで設計し、新たなサブシステム（マイクロサービスの集合体）で記述する必要がある。

その上で、既存のトータルシステムをあるべきトータルシステムにどう作り変えていくべきかのストーリーを整理する。これを全体プロジェクト計画と呼ぶ。次に、機能システム単位に順番に分割し、分離して計画を策定する。このレベルまで分割されれば、ITベンダーの持つ既存の方法論を活用できる。

非常に大まかなプロセスを説明したが、実際に活用するにはさらに詳細化したプロセスと、何を情報として整理するかを明確化にすることが必要である。野村総合研究所では、筆者が中心となって開発した方法論「Method for maintenance」で定義している。この方法論は、具体的な顧客の超大規模システムに適応して確立した。

こうした方法論は、野村総合研究所に限らず、大手SIベンダーでは持っている可能性は高いと思う。ただ、超大規模の場合、1社ですべてを担当することはあり得ないので、標準化をして広くITベンダーで共有すべき技術だと思う。

技術的課題2「既存ITシステムの機能の解明」

第2は、「既存ITシステムの機能の解明」である。前提としては、既存ITシステムの設計書の情報は信用できないことがある。さらに、ITシステムがいわゆるスパゲッティ化しており、解析が困難である。ユーザーサイドも既存ITシステムがどのような仕様で動いているかを理解していない。ただ、どのような業務を履行しているか、あるいは、何のためにその業務を行っているかは、事業部門は理解している。加えて、既存ITシステムは何をしているかについては情報を有しており信用できる。以上の前提で、既存ITシステムの機能をどのようにして明確にするかが技術的な課題となる。

まず必要なことは、復元すべき設計情報を明確にすることだ。つまり、どの設計情報を正しく復元すれば、ITシステムを再構築できるのかを整理するのである。システムを再構築するには、論理的な設計情報（ITシステムは何のためにどのような仕様で実現するかの情報）をすべて明らかにすればよい。一般的には、要件定義フェーズの概要設計と外部設計が該当する。ここでいうところの概要設計とは、業務フローなどの業務機能がわかるレベルの設計であり、外部設計とは画面あるいは帳票の具体的な表示項目あるいはデザインを決定する設計である。

このような設計情報を復元していく技術を開発することが必要になる。この設計情報はシステム形態で異なる。システム形態は、①バッチ型、②オンライン型、③ゲートウェイ型（他システムとデータをオンラインでやり取りするシステム形態）、④Web型（インターネットでのシステム形態）の4種類ある。この順番は、世代の古さを示している。過去のシステムをひも解くには、過去のアプローチ方式を採らないとできない。古代のエジプト文字を解析しなければ、古代のエジプトの歴史は解明できないのと同じである。そのため、①に関しては、構造化分析手法、すなわちDFD（データ・フロー・ダイアグラム）という手法の活用が重要である。②は業務フロー、③はシステム間の状態を時系列で示すSTD（状態遷移図）が必要となる。④は画面遷移図の明確化が必要になる。これらのシステム形態は、サブシステムごとに異なり、サブシステムのシステム形態ごとにも異なる。

このような考え方を基に、設計情報を明確化するステップを策定する。一番難しいのは古いバッチシステムの解析である（ちなみに、筆者は古いバッチシステムの解析方法を思いつくのに約10年を要した）。いずれにしても、プログラムから何をしているかを丁寧に解析し、業務をよく知っている顧客から何のためにやっているかを聞き出して、設計情報を遡及する活動を地道に行う必要がある。全部を解析するのではなく、現行機能の分析する範囲を限定していくことが非常に大切なことになる。

技術的課題3「DXに対応できるアプリケーションアーキテクチャー」

論理設計を整理した上で、新たなシステムを設計することになるが、バッチシステムをそのままバッチ形態で作り直すのはお勧めできない。現状の技術を活用した上で、新たなシステムを設計することが重要である。

そのためには、第3の課題として「DXに対応できるアプリケーションアーキテクチャー」が必要になる。DX対応としてSoR側に求められる要件は、SoEの要件に柔軟に対応できること、スピーディに対応できること、リーズナブルに対応ができることだ。それらに対応できるアーキテクチャーが必要になる。SoRがユーザー企業にとって非競争領域であれば、サービス（パッケージも含む）を利用し、業界での共通化を進める必要がある。もちろん競争領域のSoRがあるなら、独自にシステムを開発する。ただ、SoEとの境界部分に関しては、SoRの競争領域・非競争領域の

ITシステムを意識せずに、柔軟にSoEと接続できる構造が求められる。そういう意味では、「SoE」「SoRの競争領域」「SoRの非競争領域」の3つの独立した機能を、シームレスに接続できる仕組みをアーキテクチャーとして整理する必要があり、それを実現する設計力と技術開発が必要になる。これを筆者は「DXアーキテクチャー」と呼んでいる。

具体的に説明すると、一般的な商品管理のシステムは、非競争領域として共通サービス（エコシステム）を活用するが、新商品の管理システムは、競争領域として独自にITシステムを開発する。SoEからは、この2つの異なった形態のITシステムを、意識せずに活用でき、結果的にコスト・品質・スピードが最大化できるような、全体的に調和の取れたシステム構成を実現することが必要となる。これは、これまでの常識からすると、「いいとこ取り」のITシステムであり、実現できないと思われるITシステムである。まさに、このような形態を実現する必要があると考える。

技術的課題4「新たなソフトウエア開発方式」の確立

第4に、これらを実現するための技術として「新たなソフトウエア開発方式」の確立が必要である。それが「マイクロサービス」であるが、これについては第4章で詳しく解説する。

新しいソフトウエア開発方式を活用することで、既存ITシステムを再構築する際、大幅な維持・保守のコスト改善を実現する必要がある。なぜなら、リスクが高く、高額で、期間のかかる付加価値を生まないITプロジェクトは、成立しないからである。

例えば、既存のITシステムの保守費用が120億円で、再構築コストが500億程度だと仮定する。再構築することで年間の保守コストが10億円になれば、5年間で（120億円―10億円）×5＝550億の効果があり、再構築コストは5年で回収できることになる。もちろん業種や特性によって異なるが、一般に、保守コストの10倍程度のコスト効果があれば、十分な投資案件として経営は納得するのではないだろうか。実態としては、投資額500億円をもっと低減することが必要となる。なぜなら、保守コストを抑えるには、当然初期コストも大幅に下がるのが自然であるからだ。

また、コストが下がることは、サービスの提供時期が圧倒的に早まることも意味しており、競争力という観点では、極めて高い価値がある。つまり、DXに対応する力が極めて高くなるということである。これらのことはAmazon.comなどでは既に実現されている。すなわち、既に新たなソフトウエア開発技術は存在し、実現されているということだ。

いずれにしても、ITベンダーとしては、最新のソフトウエア開発技術を身につけ、桁違いのスピード・コスト・アジリティを身につける必要がある。

もう1つの大きな課題としては、開発体制をどう構築するかである。前述したように、まず、SoE側の体制は、これまでのように要件を確定させることが困難であるため、ユーザー企業とITベンダーが役割分担を決め、システム仕様を固めた上で進める方法は現実的ではない。仕様をその場で決めながらスピーディで柔軟な対応をすると共に、仕様決定にもIT技術者が関わることが求められる。そういう意味では、ユーザー企業の社員がコミットメントするケースが非常に多くなるため、ベンダー社員の比率を下げていく必要がある。せいぜい1対1の割合で、実開発を進める必要がある。そのためには、SoRに携わっているIT人材を大幅にSoE側に投入していくことが必須になる。当然既存のIT技術者のスキル転換を同時に図る必要がある。

SoR側は、ユーザー企業のIT人材が大幅に減少することになる。これを克服するには、SoRの非競争領域の共通化を業界内で推し進め、さらに、ITベンダー側が、投資も含めたサービス化を進めることが必要になってくると考える。これにより、ユーザー側の巨大システムの再構築リスクは、業界およびITベンダーとシェアすることで下げることができる。コスト面でも、1社で負担することを考えると極めて低いコストで済む。出来上がりのSoRは柔軟性が高く、サービス利用料も低く、大いなるコスト効果を生み、SoEやSoRの競争領域に十分な投資を行うことができるようになる。ITベンダーも、人的投入型のビジネスから、サービス型のビジネスに大きく転換ができるとともに、この案件を通じて、新たなソフトウエア開発技術を身につけることができる。

結果的には、非競争領域を担当していた多くのユーザー企業のIT技術者は、その作業から解放され、SoEの分野で活躍することになり、SoE側の体制強化を実現できることなる。

1-8 ITベンダー側の課題

人員不足と経営の危機意識

IT人材の不足が顕著である（**図表1-12**）。過去3年以上不足状態が続いており、足元の傾向も変わっていない。また、新たな技術の実施状況も十分とは言えず、新技術へのスキルシフトも不十分と考えられる。

実際のところ、IT案件は順調にユーザー企業から発注されている状況で、情報サービス産業全体としては、おそらく、2020年までは順調に推移していくと考えられる。この状況は数年前から安定的に継続しており、経営的に大きな問題は無く、唯一人材をどう集めるかに課題は集中しているように見える。

一方でSoEについては、新興事業者の参入も見られ、必ずしも既存事業者が有利ではない。SoRの継続的で、安定的な収入に頼っている構造は、大きく変わっていないということになる。

少なくとも、ソフトウエア開発の需要は、ソフトウエアの適用範囲がますます拡大する中で、飛躍的に伸びていくことは間違いない。すべてのビジネス案件がITシステムの活用を前提とし

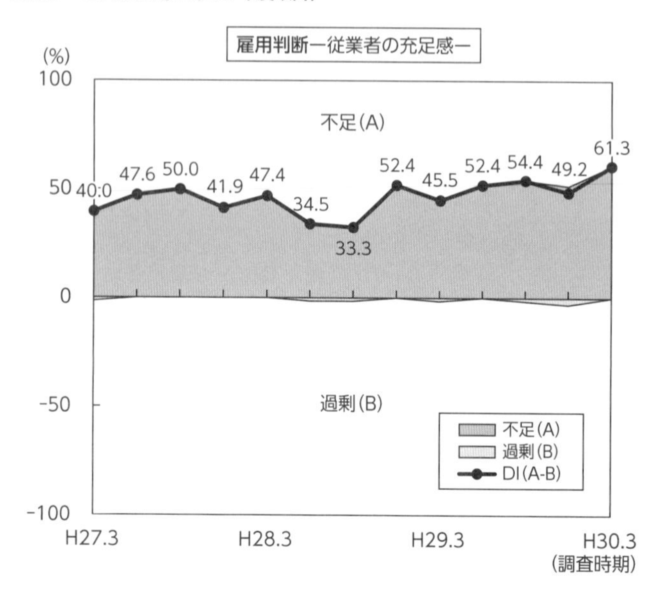

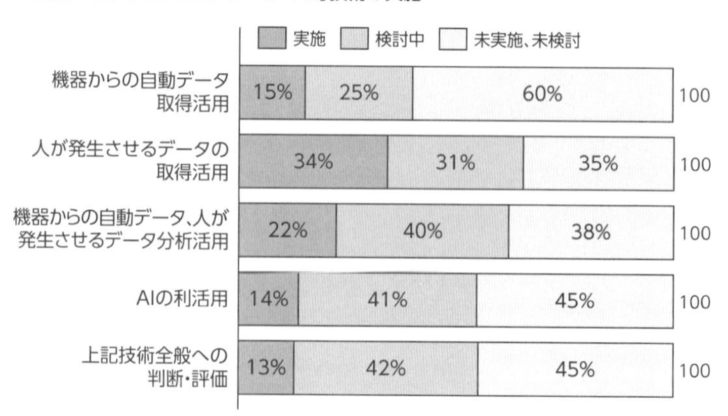

図表1-12　IT人材不足の状況（出所：経済産業省DXレポート）

ており、これからの社会はさらに、ITシステムが前提となる社会になっていくはずだ。その中で、現状のソフトウエア生産力では追いつかないのは火を見るより明らかである。そのために、ソフトウエア開発技術は、桁違いの生産性向上を求められていると思う。新たな技術にどのようにしてシフトしていくのか、ITベンダーの経営にとって非常に大きな課題である。

足元の環境変化は起こっている。例えば、クラウドベンダーは大きく売り上げを伸ばしており、コンピュータセンターのビジネスは曲がり角に来ている。コンピュータセンターを使わずクラウドに移行するシステムが多く、ITベンダーはクラウド移行時に一時的に売り上げは上がるが、継続的な売り上げは減少することになる。

さらに、製造業を中心にドイツSAP（会計などを中心としたITサービスを提供する世界的なITベンダー）のソフトウエアを導入する企業も多く、既存システムのSAP化による一時的な売り上げは立つものの、コンピュータセンタービジネスのみならず、安定的なITシステムの保守業務もSAP社に移管される事態が発生している。

Freee、マネーフォワードなどの新興企業群は、IT技術をベースとした企業が多く、これらの企業への人材の流出が始まっている。これらの企業は、当然新たな技術を活用し、働きやすい環境と高額な収入をIT技術者に提供している。既存のITベンダーのメインの仕事は、企業の既存ITシステムの維持保守であるため、多くの場合、COBOLなどの古い言語を利用した古い技術を習得する必要があり、若い世代からは敬遠されている。また、一旦入社しても、将来性のない古い技術を身につけざる得ない若手社員からすると、将来に大きな不安を抱えることになる。このような状況は、既存のITベンダーの大きな課題となっており、優秀なIT人材の確保・維持が難しくなっている。ますます、IT人材の不足感は大きくなっている。

さらに、仕事が相変わらず忙しく、十分に研修などの時間を設けることができず、新たな技術習得も結果的に遅れている。このため、結局新たな技術を活用した案件を獲得できず、技術の陳腐化がさらに進んでいくという悪循環に入っているように思う。あくまで目先の業績が好調であることが、逆に事態の悪化を招いていると考えられる。

また、顧客サイドの要件定義などのスキルが不十分であり、プロジェクトリスクも大きくなったため、できるだけリスクを最小化することに神経を使うことになり、逆に、顧客に向かった提案が少なくなり、「言われたことを言われたようにやる」という悪い状態になってきている。

技術的な大きな変化をITベンダー側も認識し始めているが、

まだ一部にとどまり、ITベンダーの経営層には届いてないと思われる。

既存のITシステムの問題を解決する最大のパワーは、既存のITベンダーであることは間違いない。2020年以降をにらんだ上でこの問題に立ち向かい、新たな技術の獲得を目指していく必要がある。その最大の責任が、ITベンダーの経営にある。この変局点の中で、これまでの経営を続けることは極めて危険な選択である。現状を正しく認識し、あるべき姿を思い浮かべ、あるべき姿に向かって歩み始めてもらいたい。

付加価値によらない収益モデルの限界

SI事業の場合、パートナー（他のソフトウエア会社の人員）を最大限に活用することで、社員1人当たりの売り上げを最大化することが収益上最も重要な要素になる。そのためには、パートナーの生産性を上げるための標準化やプロセスの定義が重要になる。これがプロジェクトマネジメントの重要なスキルである。いずれにしても、たくさんの人員を1つの目的に向かってマネジメントし、プロジェクトを成功に導くことがITベンダー（SI事業者）の付加価値である。ユーザー企業は人を集めることはできるかもしれないが、大きなプロジェクトを成功させた経験値が少ないため、ITベンダー（SI事業者）に依頼をするのが常である。

ITベンダー（SI事業者）は、パートナーの仕入価格に対して、全体としての提供価格との差が収益となる。規模が大きいほど難易度も高くなるので、全体としての価格も大きくなり収益も大きくなると言う構造になっている。ただ、規模が大きいと、プロジェクトリスクも大きくなり、大きな赤字に発展する可能性があることも事実である。

そういう意味で、ITベンダー（SI事業者）にとっては、大規模なプロジェクトを成功させる技術がとても重要であり、その中心にいるプロジェクトマネジャーが高い評価を受ける傾向にある。しかしながら、ユーザー企業の要件定義力の低下など、大規模プロジェクトのマネジメントの難易度は格段と大きくなっており、小規模プロジェクト化を進めざるを得ない状況となってきている。

ところが、大規模プロジェクトでも、人集めに終始する人たちが存在する。これを手配師という言い方をする。この人たちは、大規模プロジェクトだけでなく、中小規模、あるいは、保守のプロジェクトなど、様々なプロジェクトの人の手配を行っている。プロジェクトの終了やプロジェクトの開始が、様々な局面で発生している中で、いかに人員の稼働率を維持するかが、ITベンダー（SI事業者）にとって収益上非常に重要である。その間に立ち人員を都合し合うのが手配師の役目なのである。この仕事は、付加価値を生む仕事ではないが、大量の人員を効率よく活用するには必要な仕事である。ただ、具体的なスキルが必要なわけではなく、どちらかと言うと発注側という権限を持つことが必要になる。その権限に、人員を供給する側は期待もするし、恐怖も感じるのである。

かつて建設業は、多くの日雇い労働者を雇って工事を実施してきた。ところが最近は、工事現場では、作業員は少なく、重機での作業が基本となってきた。建物も部品を組み立てるような形に変わってきており、人員は少ない上に、納期は非常に短くなっている。巨大なビルがあっという間に完成していくのである。かつての日雇い労働者の町は崩壊し、日雇い労働者はほとんどいなくなった。これは、旺盛な建築需要に応えるため、建築業の技術革新が進み、結果的に、重機を使いこなせる技術者しか生き残っていないと言う状況になったと思われる。

この間、建築業の1人当たりの生産性はどのくらい向上したのだろうか。人員は極端に減少し、建築期間は大幅に短縮されている。まさに、桁違いの生産性向上である。このように、様々な業界は、人員導入型のビジネスモデルから、システム化による近代化を実現し、人員導入型から脱皮すると共に、生産性・スピード・品質の各面で桁違いの進化を遂げている。この中で日雇い労働者と同時に消滅した職業が、手配師である。

IT産業は、いまだに人員導入型ビジネスモデルを中心とする数少ない産業である。そろそろ、このビジネスモデルは終了せざるを得ない。圧倒的なソフトウエア開発の生産性を要請されており、それに応えるようにソフトウエア開発技術も進歩している。

アジャイル型の開発は小規模であり、最低限のプロジェクトマネジメントスキルはいるものの、基本はSEとしての技術がベースとなる。つまり、全員が技術者であり、実際に作業を行う人たちである。プロジェクトの小規模化は時代のニーズであり、この傾向はますます強まると考えられる。

筆者の前著『PMの哲学』では、まさに、「中小規模のITプロジェクトマネジャーはITプロジェクトマネジャーである前に、SEであれ」と言うのが最大のメッセージであった。

単純作業は、自動化と部品化によりどんどん吸収され、本当の技術者としてのスキルが要求される。大量に発生していた「プログラムを作る」という作業は極小化されていく。また、ビジネスと一体化されたITシステムの開発は、ビジネスの発展と同期を続けながら継続的に機能単位に拡大していくことになる。そのため、たくさんの機能を一度に開発する大規模プロジェクトはほとんどなくなるため、人員の機動的な配置転換の必要性はなくなる。逆に、継続的な案件の中で、長期的な視野に立った人員のローテーションによる人員の変更が、行われることになると想定される。また、契約形態も、受託契約から、タイムマテリアル型の準委任型の契約に変わっていくことになると想定される。

この変化は、これまでの受託契約型の人員導入モデルが継続しないことを意味し、本当に技術を持っている技術者だけが生き残ることになる。筆者は、現在の「人月いくら」の人員導入モデルは崩壊すると思う。同時に、手配師も不要になることを付け加えておく。

エコシステムが抱える自己矛盾

「エコシステム」という言葉がバズワードのように使われているが、ITシステムでいうエコシステムとは、簡単に言えば、「ITシステムのサービス化」ということだ。昔は、「共同利用型システム」という言い方をしたり、ASP（Application Service Provider）といったり、最近では、SaaS（Software as a Services）といった言い方をしているが、本質的には変わらないと思う。

クラウドが進展する中で、クラウド上のエコシステムが簡単に接続でき、利用しやすくなったことが大きい。これまでは、該当システムを使うのに様々な設定が必要であり、移行するには大変な作業が伴った。ところが、エコシステムは、接続がAPI形式であり、やり取りする情報も限定され、接続方式も標準化されており、比較的簡単にできる。また、競争力のあるエコシステムは、複数のクラウドベンダーに対応しており、いずれのクラウドベンダーの環境であっても容易に対応可能となる。

ただ、これまでのASPサービスとは異なる面もある。エコシステムの機能範囲は狭いのだ。これまでのASPサービス並みの機能を活用するには、複数のエコシステムを活用しなければならない。あるいは、複数のエコシステムを持つエコシステム群がASP並みのサービスを提供していくことが一般的になるのではないかと考える。

それぞれのエコシステムは、複数のクラウド環境でサービス提供されることになるので、同一機能のサービスは厳しい競争にさらされることになる。つまり、同一機能のエコシステムは数個のエコシステムに収れんされる。価格面・使いやすさの面・セキュリティ面・安定運用の面など、様々な角度からの競争の中、市場からの信頼を受けて、選択され生き残ることになる。逆に、生き残ったエコシステムは市場を押さえ、大きな利益を得ることが可能となる。まさに、環境に適応した生物のみが地上で種を残し続けることになる自然界のシステムに近いからこそ、エコシステムでもある。

このようなエコシステムをITベンダーが提供すれば、これまでの人月ビジネスから、サービス提供型の新たなビジネスモデルへの転換が可能となり、高い収益性を確保できることになる。また、SoRのシステム機能が、特定のエコシステムに集中されることで、ユーザー企業のIT技術者のみならず、ITベンダーの技術者も、新たなDX分野に人員をシフトすることが可能となる。エコシステム化は、これまで述べてきた諸問題に対する1つの大きな処方箋となると考えられる。本書では、エコシステム化を1つの重要な解決策に据えて、今後の議論を進めていく。

ただ、ITベンダーからすると、そこには大きな課題というか自己矛盾がある。エコシステムによって機能が集中化されることによるITベンダーへのインパクトである。かつて、大規模な企業合併が発生すると、必ず「どちらのITシステムが生き残るか」という問題が発生した。合併会社は双方主要なITベンダーを抱えており、生き残った側のITベンダーはより大きな収益を期待できるが、一方のITベンダーは仕事を失うことになる。合併の大きな目的の1つはITシステムコストの削減であり、ITシステムを統合することによって、これまでかかったコストを大幅に削減することになるからだ。

エコシステム化によって業界のITシステムは共同利用されることになり、所属する業界に共通する機能を提供する多くのITベンダーは、市場から退出することになる。従ってエコシステム化は、ITベンダー間の激しい競争を巻き起こすと共に、ITベンダーにとっての新たなビジネスモデルへの転換を促すことになる。まさに、「IT業界のDX化」である。ITベンダーこそが、DXの荒波にもまれようとしている当事者なのである。

新技術への対応能力

これまで述べてきたように、ソフトウエア技術の抜本的な変革は待ったなしの状況にある。米国ではあらゆるB2C企業がITシステムの抜本的な改革を推し進めている。

ITベンダーの経営としては、まず、今何が起こっているのかを冷静に分析することが重要である。事実の認識である。その上で、会社としての経営の方向性を明確にする必要がある。これまでの人材投入型の収益モデルは崩れ去ることを念頭に置き、現在の主要な顧客の収入源が、共通化されエコシステム化されることを念頭において戦略を練る必要がある。得意分野のエコシステム化の検討と厳しい競争の中、勝ち抜ける方法を明確にすることである。ただ、現在の顧客がすべてDXの中で生き残れるかどうかも含めて検討することが必要である。また、既存顧客が勝ち抜くためには、何をするべきかを考えるのもITベンダーの役目である。

新たな技術習得に関しては、第1優先で進める必要があると考える。そのための仕組みを、ITベンダーの経営者は構築しなければならない。自前で新技術を獲得することが良いことなのか、自前で行う部分と外からの技術導入をうまく融合させる方法をとるのか、思い切って新たな人員を採用し、まったく別に立ち上げていくのか、様々な選択肢の中で、経営の方向性に合わせた体制を作ることが必要と考える。

いずれにしても、まだ、十分に技術が確立していない分野でもあり、早いトライがより重要であることは間違いない。また、超大規模システムのさばきの課題、既存ITシステムの機能分析の手法など、SoR改革に必要な技術開発をどのように進めるかも経営として検討し、対応力を整備する必要がある。

これらに関しては、具体的な技術課題ごとに顧客と問題意識を共有し、具体的な事例を発掘しながら取り組んでいくことが求められる。必要な技術を洗い上げ、技術戦略を明確にした上で、技術開発のための投資、あるいは、人員のスキル転換のための投資を戦略的に考える必要がある。

新たな経営の方向性を社会にコミットメントすることで、有能な人材を集める活動を併せて行い、IT技術者にとって働き甲斐のあり、未来を展望できる会社になるように会社そのものの改革をする必要があると感じている。

さらに、IT業界として、いくつかの技術を共同で行う、あるいは、開発プロセスの標準化を行うなど、業界として取り組む課題を協調して行うことがますます増えると考えられる。業界活動そのものも、大きな転換点に来ていると思う。

1-9 国が打ち出した DX対応の考え方

技術的負債の認識

2018年9月7日に経済産業省から「DXレポート」が発表された。副題は、「ITシステム『2025年の崖』の克服とDXの本格的な展開」である。これは、経済産業省主催で非公開に行われた「デジタルトランスフォーメーションに向けた研究会」の議論の成果を経済産業省がまとめたものである。この研究会は計4回開催され、筆者は情報サービス産業代表のオブザーバとして参加し、ITベンダー側の状況と今後の方向性に関してプレゼンテーションを行った。

このDXレポートの概要を、掲載されている図を参照しながら解説しよう。**図表1-13**は「企業の老朽化システムの実態」を示している（日本情報システムユーザー協会（JUAS）と野村総合研究所（NRI）が共同で調査した）。それによると、約8割の企業が老朽化システムを抱えている。特に、金融・社会インフラ企業の割合が高い。「DXの足かせに老朽化システムがなっている」という比率は7割に及んでいる。図は平成29年度の調査結果だが、この傾向は平成30年度の調査でも同様である。

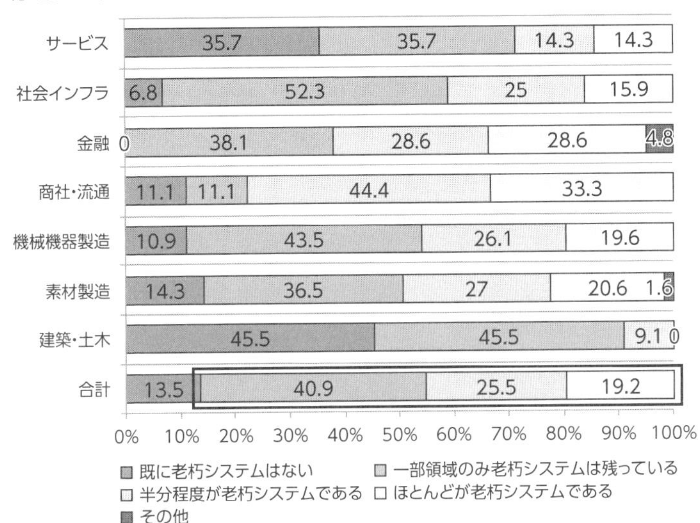

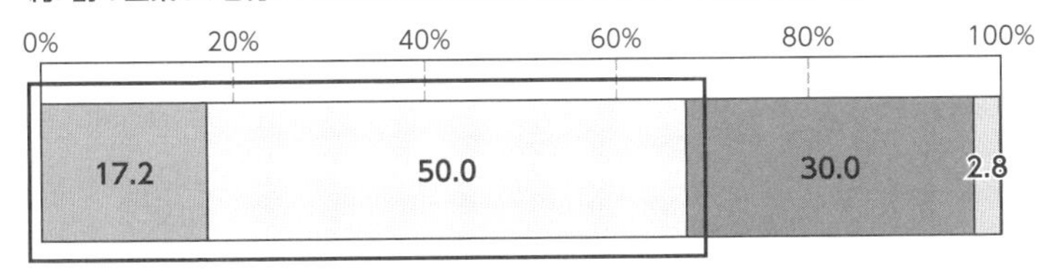

図表1-13 企業の老朽化システムの実態（出所：JUASおよびNRI共同調査「デジタル化の進展に対する意識調査」（平成29年）を基に筆者作成）

図表1-14は、同調査における「既存システムがDXの足かせとなっている理由」を示している。「ドキュメントが整備されてい

ないため調査に時間を要する」が最も多く、「レガシーシステムとのデータ連携が困難」「影響が多岐にわたるため試験に時間を要する」も多く、老朽化によるシステムの巨大化と複雑さの影響が直撃しているのが見て取れる。

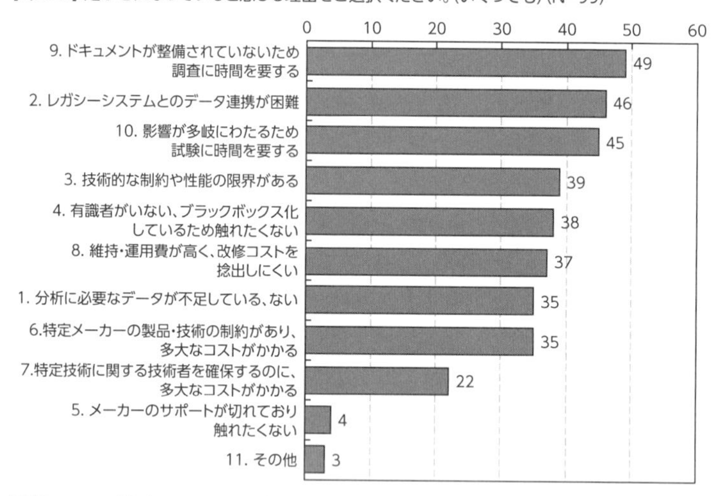

図表1-14 既存システムがDXの足かせとなっている理由（出所：JUASおよびNRI共同調査「デジタル化の進展に対する意識調査」（平成29年）を基に筆者作成）

図表1-15を見るとわかるように、IT関連費用の80%は既存システムに使っており、さらに40%の企業は、IT関連費用の90%以上が既存システムに使っている。

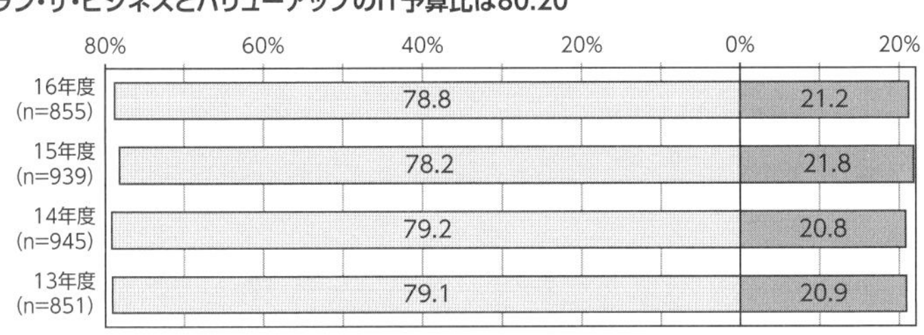

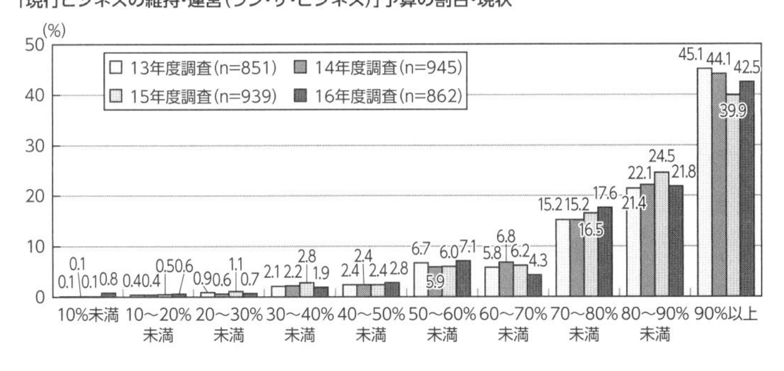

図表1-15　IT関連費用の使途（出所：経済産業省「DXレポート」）

図表1-16はIT投資における日米比較である。2013年度基準で見て、日本企業の攻めのIT投資は米国に大きく水をあけられており、2017年になっても2013年の米国の状態に至っていないことがわかる。当然、米国はさらに攻めにシフトしていると考えられるので、その差は大きくなっていると推察できる。

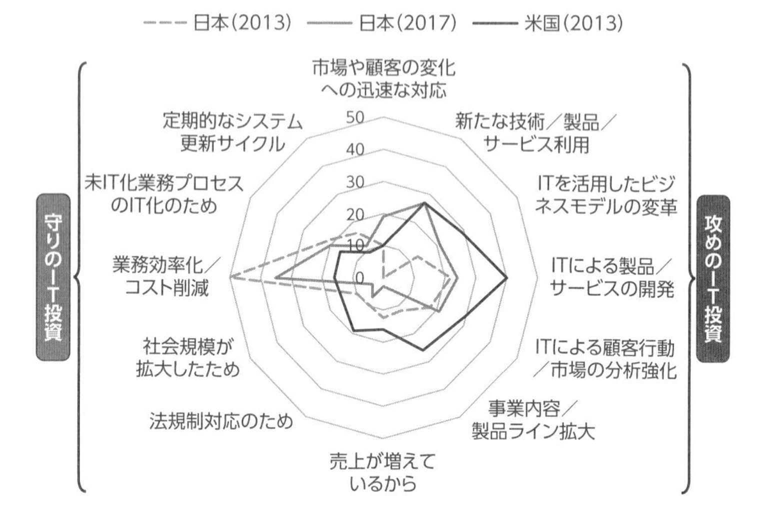

図表1-16　IT投資における日米比較（出所：経済産業省「DXレポート」）

図表1-17は、技術的負債の具体的な状況を示している。抜本的なITシステムの再構築をしてこなかったことが、技術的負債を生じ、今後さらに拡大していくことを想定している。

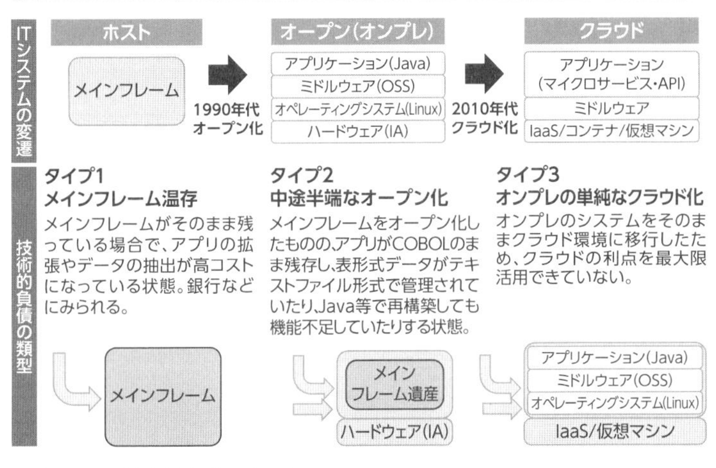

図表1-17　技術的負債の類型（出所：経済産業省「DXレポート」）

この内容は、これまで述べてきたこととほぼ同じであり、国も同様の認識を持っているということだ。この問題を解決しなくては、DXを進める際、大きな障害となることを明確に示していると思われる。

2025年の崖

図表1-18がDXレポートの中で示されている「2025年の崖」である。

多くの経営者が、将来の成長、競争力強化のために、新たなデジタル技術を活用して新たなビジネス・モデルを創出・柔軟に改変する**デジタル・トランスフォーメーション（＝DX）**の必要性について理解しているが・・・

- 既存システムが、**事業部門ごとに構築**されて、全社横断的なデータ活用ができなかったり、**過剰なカスタマイズ**がなされているなどにより、**複雑化・ブラックボックス化**
- 経営者がDXを望んでも、データ活用のために上記のような**既存システムの問題を解決し**、そのためには**業務自体の見直しも求められる**中（＝経営改革そのもの）、現場サイドの抵抗も大きく、**いかにこれを実行するかが課題**となっている

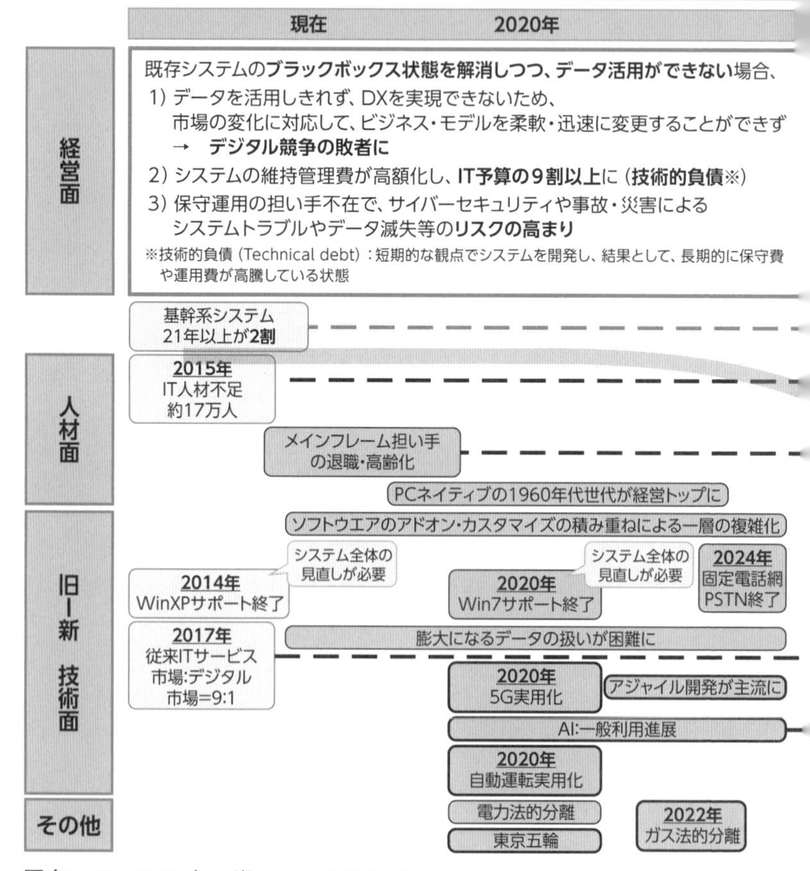

図表1-18　2025年の崖（出所：経済産業省「DXレポート」）

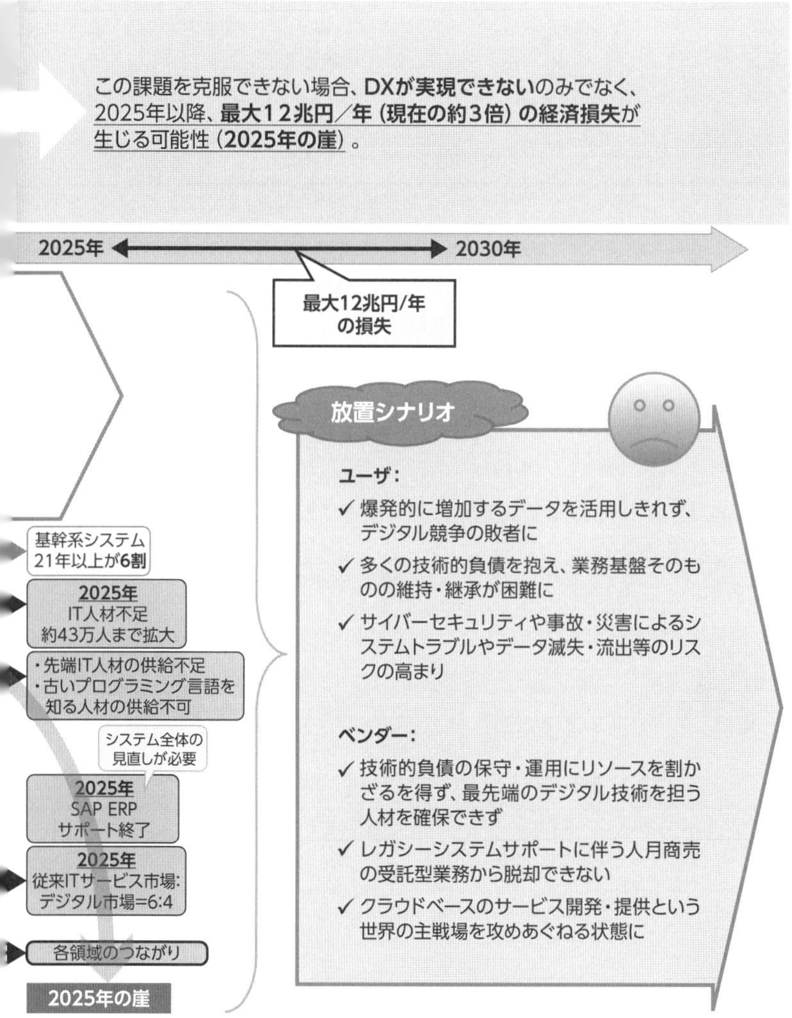

この課題を克服できない場合、**DXが実現できない**のみでなく、
2025年以降、**最大12兆円／年（現在の約3倍）の経済損失**が
生じる可能性（**2025年の崖**）。

2025年 ←→ 2030年

最大12兆円/年
の損失

基幹系システム
21年以上が**6割**

2025年
IT人材不足
約43万人まで拡大

・先端IT人材の供給不足
・古いプログラミング言語を
知る人材の供給不可

システム全体の
見直しが必要

2025年
SAP ERP
サポート終了

2025年
従来ITサービス市場:
デジタル市場=6:4

各領域のつながり

2025年の崖

放置シナリオ

ユーザ：

- ✓ 爆発的に増加するデータを活用しきれず、デジタル競争の敗者に
- ✓ 多くの技術的負債を抱え、業務基盤そのものの維持・継承が困難に
- ✓ サイバーセキュリティや事故・災害によるシステムトラブルやデータ滅失・流出等のリスクの高まり

ベンダー：

- ✓ 技術的負債の保守・運用にリソースを割かざるを得ず、最先端のデジタル技術を担う人材を確保できず
- ✓ レガシーシステムサポートに伴う人月商売の受託型業務から脱却できない
- ✓ クラウドベースのサービス開発・提供という世界の主戦場を攻めあぐねる状態に

<2025年までにシステム刷新を集中的に推進する必要がある>

ここで着目しているのは、第1にデータ活用ができないことと、様々なITへの要求に柔軟に対応できないことである。それはつまり「DXを実現できない」ことを示している。第2に、技術的負債がさらに拡大し、「IT予算の9割」を占めることである。第3には、IT人材の不足とサイバーセキュリティの高度化に対応できず、システムトラブルの増大・データ漏洩の拡大などの「システムリスクが増大し多大な経済損失が発生する」と指摘していることである。大きな方向性と現在日本の企業が抱えている問題をわかりやすく表現しており、国としての危機意識が感じられる。

対応の方向性

図表1-19は、「負債を解消し、デジタルトランスフォーメーションにつなげるためには」と題している。この図で示していることは、現在のITシステムの仕分けが重要だということだ。

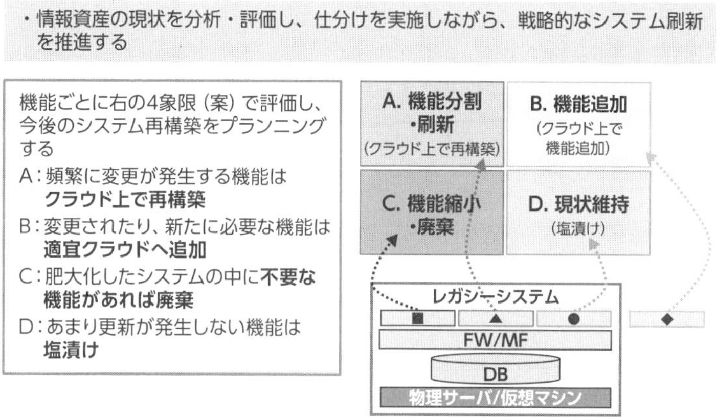

・情報資産の現状を分析・評価し、仕分けを実施しながら、戦略的なシステム刷新を推進する

機能ごとに右の4象限（案）で評価し、今後のシステム再構築をプランニングする
A：頻繁に変更が発生する機能は**クラウド上で再構築**
B：変更されたり、新たに必要な機能は**適宜クラウドへ追加**
C：肥大化したシステムの中に**不要な機能があれば廃棄**
D：あまり更新が発生しない機能は**塩漬け**

A. 機能分割・刷新（クラウド上で再構築）
B. 機能追加（クラウド上で機能追加）
C. 機能縮小・廃棄
D. 現状維持（塩漬け）

レガシーシステム
■　▲　●　◆
FW/MF
DB
物理サーバ/仮想マシン

図表1-19　負債を解消し、デジタルトランスフォーメーションにつなげるためには（出所：経済産業省「DXレポート」）

ここでは、(1) 頻繁に変更が発生する機能はクラウド上で再構築、(2) 新たに必要な機能は適宜クラウドに追加、(3) 肥大化したシステムの中に不要な機能があれば廃棄、(4) あまり更新が発生しない機能は「塩漬け」の4つに分類した上で、全体的な計画を策定して進めて行くことが示されている。

ただ (4) の対応に関しては若干疑問に思う。塩漬けというよりは、この機能こそ業界で共通化していく機能であると考えるので、いわゆるエコシステムの活用を全面的に採用すべき部分ではないかと思う。さらに、既存のITシステムの基盤そのものが、存続の危機が発生している以上、計画的な再構築を進めて行く必要は必ず発生すると考えられる。

図表1-20は「DX実現シナリオ」である。それによると次の6つが目標として掲げられている。

①あらゆるユーザー企業がデジタル企業に変貌する
②ランザビジネスへの投資比率を60%に低減する
③システムの機能改善速度を桁違いに向上する
④ユーザー企業のIT人材比率を5割にする
⑤IT技術者の年収を倍増する
⑥IT産業の平均成長率を、現在の6倍（年6%成長）とする

全体としては、ユーザー企業・ITベンダーにとって双方ばら色の将来図を示している。しかし、いくつか矛盾点がある。③が実現すると、おそらく②はもっと改善されると考えられる。なぜなら、圧倒的な対応力を求めるには、抜本的なソフトウエア開発技術を全面的に採用する必要があるからだ。前述したように、ユーザー企業とITベンダーの比率は、SoE部分に関しては1対1の比率は必要になってくると思う。そのためには、SoRは基本的にITベンダーがサービス提供することで、ITベンダーの事業を行うIT技術者比率を拡大することが必要になると考えられる。サービス化により、SoR対応のためのユーザー企業のIT人材は激減し、DX側、つまりSoEの開発に配置転換をする必要があると考える。このような全体的なシナリオを整理していくこと

が必要ではないかと考えられる。

また、特定のエコシステムへの集中化の中で、売上規模自体は減少することになる。さらに、新たなSoE部分でのユーザー企業のIT人材比率が大きくなるため、情報サービス産業の売上規模は大きくなりにくいと想定される。それをカバーしつつ情報サービス産業の売り上げを大きく伸ばしていくには、巨大クラウドベンダーに統合されていく機能に対して、業界として（または日本として）どのように対応していくか、SoE部分で情報サービス産業としての新たな成長モデルを創設するのか、あるいは、エコシステムを日本のみならず世界を視野に置いたマーケットに提供することによりマーケット規模を格段に大きくするのか、などの戦略を立てていく必要がある。

図表1-21を参照すると今後の検討が大まかに見えてくる。現状では、2018年12月に「DX推進システムガイドライン」が発表されている。これは、特にユーザー企業の経営者に対して具体的なDXを進める方向について示されている。本書執筆時点で「見える化」指標の策定をしており、非公開で検討会が進められている。筆者も検討会のメンバーとして参加している。今後は、具体的な「見える化指標」を使ったユーザー企業への展開を検討しており、2019年上期中には、実施される予定である。

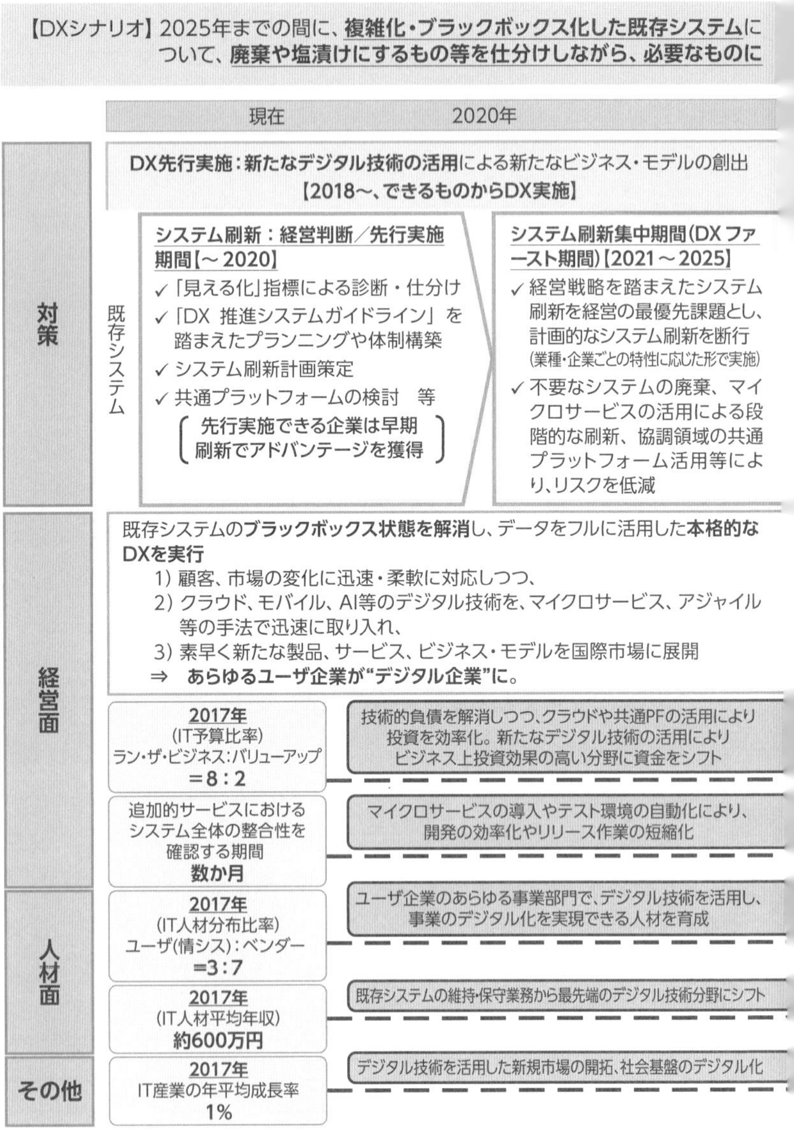

【DXシナリオ】2025年までの間に、**複雑化・ブラックボックス化した既存システム**について、**廃棄や塩漬けにするもの等を仕分けしながら、必要なものに**

現在　2020年

対策

DX先行実施：新たなデジタル技術の活用による新たなビジネス・モデルの創出
【2018～、できるものからDX実施】

既存システム

システム刷新：経営判断／先行実施期間【～2020】
- ✓「見える化」指標による診断・仕分け
- ✓「DX 推進システムガイドライン」を踏まえたプランニングや体制構築
- ✓ システム刷新計画策定
- ✓ 共通プラットフォームの検討　等

（先行実施できる企業は早期刷新でアドバンテージを獲得）

システム刷新集中期間(DXファースト期間)【2021～2025】
- ✓ 経営戦略を踏まえたシステム刷新を経営の最優先課題とし、計画的なシステム刷新を断行（業種・企業ごとの特性に応じた形で実施）
- ✓ 不要なシステムの廃棄、マイクロサービスの活用による段階的な刷新、協調領域の共通プラットフォーム活用等により、リスクを低減

経営面

既存システムの**ブラックボックス状態を解消**し、データをフルに活用した**本格的なDXを実行**
1) 顧客、市場の変化に迅速・柔軟に対応しつつ、
2) クラウド、モバイル、AI等のデジタル技術を、マイクロサービス、アジャイル等の手法で迅速に取り入れ、
3) 素早く新たな製品、サービス、ビジネス・モデルを国際市場に展開

⇒ **あらゆるユーザ企業が"デジタル企業"に。**

2017年 (IT予算比率) ラン・ザ・ビジネス：バリューアップ **＝8：2**	技術的負債を解消しつつ、クラウドや共通PFの活用により投資を効率化。新たなデジタル技術の活用によりビジネス上投資効果の高い分野に資金をシフト
追加的サービスにおけるシステム全体の整合性を確認する期間 **数か月**	マイクロサービスの導入やテスト環境の自動化により、開発の効率化やリリース作業の短縮化

人材面

2017年 (IT人材分布比率) ユーザ(情シス)：ベンダー **＝3：7**	ユーザ企業のあらゆる事業部門で、デジタル技術を活用し、事業のデジタル化を実現できる人材を育成
2017年 (IT人材平均年収) **約600万円**	既存システムの維持・保守業務から最先端のデジタル技術分野にシフト

その他

2017年 IT産業の年平均成長率 **1%**	デジタル技術を活用した新規市場の開拓、社会基盤のデジタル化

図表1-20　DX実現シナリオ（出所：経済産業省「DXレポート」）

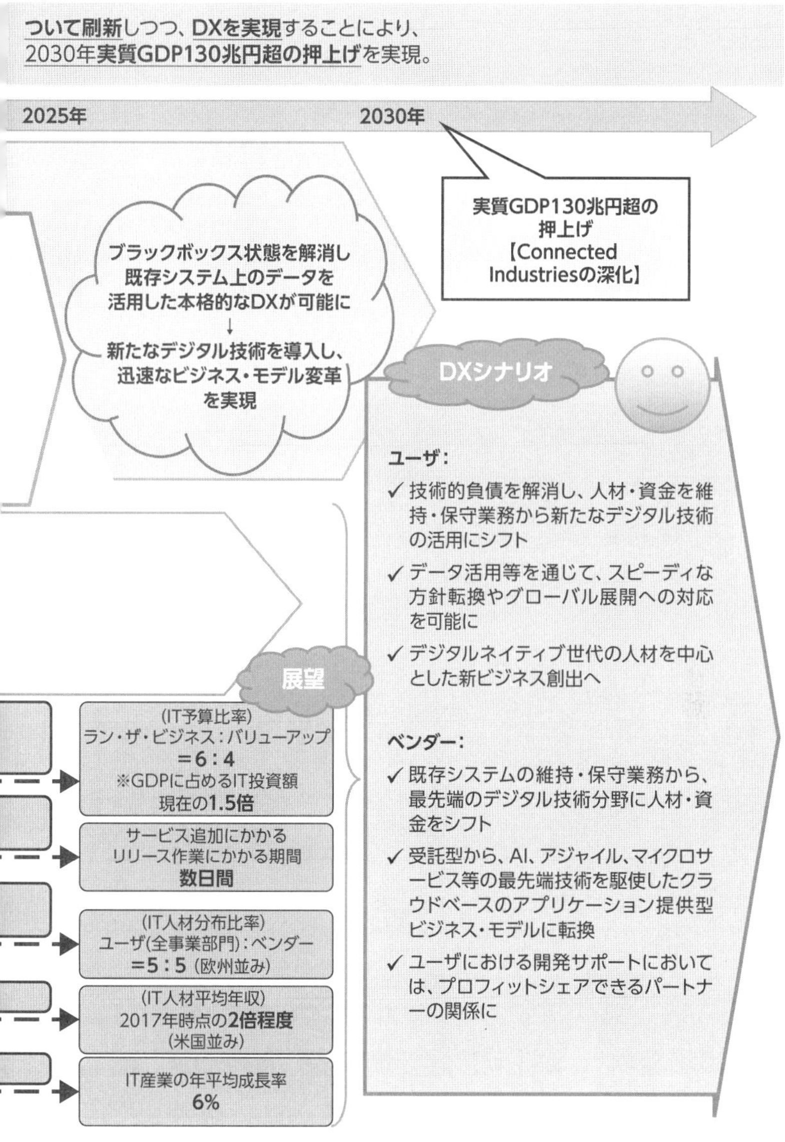

ついて刷新しつつ、**DXを実現**することにより、
2030年**実質GDP130兆円超の押上げ**を実現。

2025年　**2030年**

実質GDP130兆円超の押上げ【Connected Industriesの深化】

ブラックボックス状態を解消し既存システム上のデータを活用した本格的なDXが可能に
↓
新たなデジタル技術を導入し、迅速なビジネス・モデル変革を実現

展望

(IT予算比率)
ラン・ザ・ビジネス：バリューアップ
=6：4
※GDPに占めるIT投資額
現在の**1.5倍**

サービス追加にかかる
リリース作業にかかる期間
数日間

(IT人材分布比率)
ユーザ(全事業部門)：ベンダー
=5：5 (欧州並み)

(IT人材平均年収)
2017年時点の**2倍程度**
(米国並み)

IT産業の年平均成長率
6%

DXシナリオ

ユーザ：

✓ 技術的負債を解消し、人材・資金を維持・保守業務から新たなデジタル技術の活用にシフト
✓ データ活用等を通じて、スピーディな方針転換やグローバル展開への対応を可能に
✓ デジタルネイティブ世代の人材を中心とした新ビジネス創出へ

ベンダー：

✓ 既存システムの維持・保守業務から、最先端のデジタル技術分野に人材・資金をシフト
✓ 受託型から、AI、アジャイル、マイクロサービス等の最先端技術を駆使したクラウドベースのアプリケーション提供型ビジネス・モデルに転換
✓ ユーザにおける開発サポートにおいては、プロフィットシェアできるパートナーの関係に

対応策	9月以降の検討の進め方
3.1「DX推進システムガイドライン」の策定	骨子の具体化を整理、秋頃に成案。その後も先行事例の充実等を検討 →IT経営指標、コーポレートガバナンスに反映
3.2「見える化」指標、診断スキームの構築 ① 評価指標の策定 ② 診断スキームの構築	① 有識者との検討を進め、指標案の具体化。年度内目途で成案 ② 2019年度以降の、中立的な診断スキームの構築に向けて、予算要求を実施するとともに、体制構築に向けてIPA等と調整
3.3 DX実現に向けたITシステム構築におけるコスト・リスク低減のための対応策 ① DX参照アーキテクチャの策定 ② 協調領域における共通プラットフォームの構築	① DX推進システムガイドラインや「見える化」指標の策定との整合性を図りながら、秋以降も有識者を交えて検討を進める ② 協調領域における共通プラットフォームの構築に向けて、保安・物流等をはじめ、各業界のニーズを引き続き精査し、関係業界と調整して詳細の検討を実施。必要に応じ、取組を促す仕掛けも検討
3.4 ユーザ企業・ベンダー企業間の目指すべき姿と双方の新たな関係 ① ウォーターフォール型の開発に関する契約 ② アジャイル開発に関する契約	① 有識者との検討を進め、システム再構築等の観点を踏まえたモデル取引契約ガイドラインを改訂 ② アジャイル開発の実践者や契約関連の有識者を交えた検討により、アジャイル開発のガイダンスとモデル取引契約ガイドラインを策定
3.5 DX人材の育成・確保	スキル標準や情報処理技術者試験の活用促進 第四次産業革命スキル習得講座認定制度等によるスキル転換の推進
3.6 ITシステム刷新の見通し明確化 ① ロードマップ ② 社会インフラ関係業種への対応 ③ 国際ルールに照らしたクラウド標準の構築	① 本研究会で示したロードマップを産業界やメディア等にも説明し、認識共有を進める ②・③ 政策的制度措置を視野に入れて、政府部内で秋以降も検討を進める

図表1-21　今後の検討の方向性（出所：経済産業省「DXレポート」）

その後は、図の方向に沿って検討が進められると想定される。また、具体的な指標や見える化の結果分析を通して、業界での共通化を目指したフレームワークの策定など、様々な継続的な活動を行う第三者的な組織体制を整備することが極めて重要と考えられる。これらに関しては、この本が出版されるころには具体的に見えてくると考える。

解決すべき契約問題

大きな問題として、DXレポートでも指摘されているが、アジャイル型開発の場合の契約形態がある。常駐型でユーザー企業を支援していく場合、ユーザー企業の社員とITベンダーの社員が、適切な指揮命令系統に従って活動しないと派遣法に抵触する恐れがあるからだ。通常、ITベンダーとユーザー企業は、準委任契約を締結して業務を行うので、法的には受託契約の形態をとっている。この問題は、DXレポートでも、ある程度の規模があれば、いくつかの選択肢があると報告されている。しかし、実態的には、小規模プロジェクトの集まりであり、基本的には準委任契約を結ぶことが一般的になると考えられる。

派遣契約を結ぶことになると、派遣先すなわちユーザー企業は、労務管理の責任を負う。ITベンダーの社員は、ユーザー企業の就業規則に従うこととなり、労働条件の悪化になる可能性がある。ITベンダーの研修を受講するにもユーザー企業の許可が必要になり、一般的には、研修などが受講しづらくなり、技術習得の要請に十分対応できない可能性がある。ITベンダーの社員からすると、「どの会社に入ったのかわからない」となり、精神的にも厳しいと考えられる。

もう1つの問題として、準委任契約の問題がある。準委任契約は、受託契約の一部として考えられる。ITベンダーとしては、ユーザー企業が本来行うべき、例えば、ユーザー要件の明確化・他ベンダーを含んだ顧客ITプロジェクトのマネジメント支援などを行う際に準委任契約を結ぶ。あくまでも、成果物責任ではなく、タイムマテリアルな契約を前提としていた。

ところが、準委任契約は、法的には受託契約の一部としてみなされる。そのため、本来ユーザー企業が実施すべきユーザー要件のとりまとめなどを、期待通りに終了しない場合、ITベンダーの責任を問われるケースが出てきている。このあたりを法的に整理しないと、アジャイル型の開発がなかなか進まないと考える。

このような問題認識を持った上で、2つの対応が必要であると思う。1つは、常駐化を前提としないアジャイル開発を行うことである。常駐化をしなくても、テレビ電話などの情報共有の仕組みを駆使すれば、大きな問題は発生しない。それどころか、そうした仕組みを使うほうが情報共有され、コミュニケーションがスムーズに行われる可能性が高い。さらに、これまでの経緯などが電子化されておれば、追加のメンバーもスムーズに作業に参加できるなど、様々な効果が期待できる。

いずれにしても、働き方改革の中、新しい形での開発形態に挑戦していくべきと考える。

準委任契約に関しては、ユーザー企業の責任を明確にしていくことも極めて重要で、タイムマテリアル的な契約を経産省のモデル契約などに明確化し、安心して活動ができるように検討する必要がある。

第2章

今後求められるITシステム

2

2-1 SoEに求められる基本要件

DXを実行するためのITシステムがSoEと本書では定義している。DXを実現するITシステムの仕様は、そもそも不明確であることが出発点である。

新たなビジネスモデルを考えていく際、前述したが、まず仮説を構築し、その仮説に基づいて一旦ITシステムを開発する。このITシステムは仮説の根幹部分であり、小さく作り、このITシステムを使って試行する。試行しながら、ビジネスモデルを強化していく。ビジネスモデルの強化ということは、すなわち、ITシステムをその都度機能追加・修正していくということである。この試行はチーム内で何度も繰り返し、仮説検証とビジネスモデルの強化が行われていくことになる。従って、ITシステムの追加・修正は何度も何度も繰り返される。

早くITシステムを作るには、外部に存在するエコシステム（内部でももちろん構わない）を活用することが大きなポイントになる。DXの特徴上、ビジネス上のリスクを最小限にするにはコストを最小限にすることが必要になるからだ。そのためにも、外部のエコシステムの活用は、非常に役立つと考えられる。既にあるものをうまく活用するということである。

従って、このITシステムのソフトウエア開発に求められる要件は、(1) 早く開発する、(2) 柔軟に機能を追加する、(3) 機能修正を柔軟に早く行う、(4) 他のエコシステムと容易に接続できる、の4点である。

(1) 早く開発する

通常、早く開発するには、作る部分を最小にすることと、自動化を進めることの2点が重要である。

作る部分を最小にする

作る部分を最小にするというのは、製造業で考えると製造ラインを最短にすることだと考えられる。そのためには、部品化を進め、部品の組み立てを中心とした製造ラインにしていくことだと思う。

余談になるが、2018年、米国シアトルにあるBoeing社の工場を見学し、ジャンボジェットの愛称で呼ばれるB747、事実上のBoeing最大機B 777、最新のB 787の3つの製造ラインを見学した。筆者が一番郷愁を感じたのはB747である。とっても大きい建屋の中で、手作り感満載の製造ラインであった。我々の現在のソフトウエア開発に近いと感じたのである。B777は部品化が進み、B747の3分の1程度の製造ラインになっているように思えた。さらにB787は、さらに3分の1程度の製造ラインで、数週間で出来上がるようである。製造ラインの建屋の外には、超大型の飛行機（ドリームリフター）があり、これを使って全世界から部品をシアトルに運んでいるそうだ。日本でも主翼部分が製造され、この大型飛行機で運ばれている。製造業は部品化を進め、早く製造することを実現している。

ソフトウエア開発で考えるとどうだろうか。これまで、早くITシステムを作るために行われた方法は、パッケージを活用することであった。ただ、必ずカスタマイズが発生し、あまりに手を入れると、かえってコスト高になるケースもあった。いかにカスタマイズしないかがポイントであった。ただ、SoEの場合、既にパッケージ化されているような機能はほとんど無いと考えられるので、この方法は対象外となる。

2つめは、既存プログラムの流用である。処理内容の近い既存のプログラムを持ってきて、一部を修正して活用する方法である。一般的には「モディファイ」と呼ばれる方式だ。効果的な方法だが、流用プログラムには使わない機能も多く含み、それがそのまま新たなプログラムに含まれてしまい、機能以上にプログラム規模が拡大し、いわゆる「スパゲッティ化」を招くことになる。この状態になるとプログラム修正は複雑になり、早く作れても、修正は容易ではない。

3つめは、部品の活用である。いわゆる、サブルーチンの活用である。サブルーチンをそのまま活用するので、プログラムは増加しない。修正もサブルーチンだけでよく、呼び出す側のプログラムを修正する必要もない。ただ、これまでのサブルーチンの場合、プログラム内にデータを保持するのは、カレンダーのような定型的なテーブルを内包することが限界で、基本的には、ロジックの共通化が目的であった。具体的には、手数料の計算、利息計算、株式の約定計算、共通のエラー処理などである。例えば、顧客データの更新などのデータ更新を含むアプリケーション処理には、この形式では難しく、2つめのモディファイ方式を選択してきたのが実態である。

本書で取り上げている「マイクロサービス」は部品の活用に近いが、オブジェクト指向の開発スタイルなのでデータはプログラムに隠蔽され、部品化の適応範囲が大幅に拡大する。徹底的な部品活用が可能なアプリケーションアーキテクチャーといえる。

自動化を進める

図表2-1は、ソフトウエア開発の工程によって情報量が異なることを示している。具体的には、上流工程から下流工程になるほど情報量が多くなる。

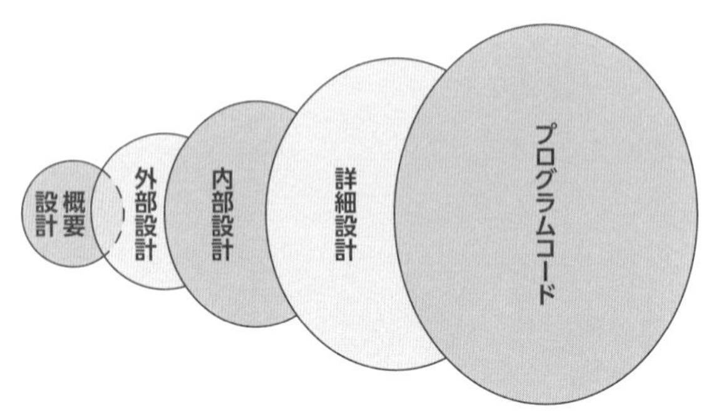

図表2-1 設計情報の移り変わりイメージ

たとえマイクロサービス化したとしても、段階的に仕様を固め、製造していく過程は同じである。つまり、後工程になるほど情報が多いということは、工程をまたぐ自動化は不可能だということだ。筆者は「半自動化」という概念が適切だと思う。上流工程から下流工程に展開できる情報のみを連携し、その後は、IT技術者が自分で補って完成させる。こうした方法でも生産性は向上するが、圧倒的な生産性向上は見込めない。

実は既に、圧倒的な生産性を誇る自動化ツールを、IT技術者は活用してきている。それは「コンパイラ」だ。コンパイラは、IT技術者がプログラムを作るときに使うプログラム言語を、コンピュータが理解できる形式に変換するツールである。コンピュータは「0」と「1」の組み合わせの数字で命令を理解するので、「コンパイラ」はプログラム言語をすべて「0」と「1」に変換している。なぜ「コンパイラ」は完全自動化が可能かというと、基本的に工程は同一であり、情報量に変化が無いからである。さらに、変換ルールを辞書という形で整理できることが、もう1つの大きな要件と考えられる。変換前と後では表現としては異なるが、情報量が変わらなければ自動化できる。

この前提で考えると、ITシステムの場合は「詳細設計から単体テスト」を自動化できるのではないだろうか。たとえ自動化しなくても、一体化は可能であろう。既に、プログラムからすべてのロジックを網羅的に洗い出すことは可能になっている。従って、適切な辞書があれば、プログラムから単体テストケースの自動生成は理論的には可能である。自動作成したケースをそのまま活用し、自動的にテストを実行することもできるはずだ。

これまでテストを実施するには、トランザクションデータや複雑なデータベース、そのプログラムと無関係なデータ項目も正確に用意する必要があった。さらに、インプットの設定とアウトプットの設定を両方作る必要があり、非常に複雑で、プログラムごとにバリエーションもあって手間がかかっていた。しかし、入出力がAPI化されると、テストデータや検証結果も非常に簡単に作成できる。この工程の自動化ができれば、大きな生産性向上が見込まれるのは間違いなく、この工程の自動化こそが、生産性向上の大きなポイントになると考える。

(2) 柔軟に機能を追加する

柔軟に機能追加できる構造を明らかにする必要がある。

前述した通り、現状のウォーターフォールモデルの場合、機能の追加を最小限にとどめることが極めて重要だと考えている。なぜなら、後から定義した機能の影響を既に開発した機能が受け、大きな手戻りが発生し、開発期間およびコストに悪い影響が出る可能性が高いからである。具体的には、モノリスシステムのところで述べたように、共通で利用しているデータベースに新たな項目を追加されると、既に開発している機能に手戻りが必ず発生する。そのため、ウォーターフォールモデルでは、同一データベースを利用する機能は同時に要件を確定し、後から影響を受けないようにすることを前提としている。

この問題を回避するには、データベースを共通化しない方式を採る必要がある。すなわち、機能単位がオーナーとなるデータ項目は、機能単位のシステムに隠蔽し、データベースの項目を分割するのだ。これは、まさにオブジェクト指向と呼ばれているソフトウエア開発方法論である。この方法論は、1990年初頭から全世界で流行した。ただこの方式は、該当のシステム（この場合は、オブジェクトと呼ばれる）がオーナーでないデータを必要とする場合、該当のオブジェクトを呼び出す必要があり、物理的にはコンピュータ上のメモリーに該当のオブジェクトを配置する必要があった。そのため、アプリケーションを実装するには、巨大なメモリー装置が必要となり、当時の技術では、そのようなメモリー装置を使うことはコスト的にも技術的にも困難であった。ただ、デスクトップといわれるパソコン上では、Windows95が提供された時点から、オブジェクト指向技術の実装が本格的に始まった。それまでは、XeroxのStar（日本語版はJ-Star）あるいは、AppleのMacintoshが実装していた。

Windows95の登場によって、これまでのコマンドベースのインターフェースから画面ベースに変わり、生産性が桁違いに向上したことを記憶している。それまでは、紙と鉛筆が各会社の作業を支えていたが、今は、1人1台のＰＣが当たり前であり、後戻りなど到底考えられない。まさに、現状のソフトウエア開発技術がコマンドベースだとすると、オブジェクト指向技術になると桁違いのソフトウエア開発生産性を実感できると考えられる。

ハードウエアの進化は急激であり、アプリケーションソフトウエアにオブジェクト指向技術を適応可能な状況になっている。つまり、各オブジェクトにオーナーオブジェクトとしてデータを隠蔽し、他のデータを利用する場合は、該当のオブジェクトからデータを提供してもらうアーキテクチャーにする。新たな機能が必要になれば、そのオブジェクトには、新たに必要になるデータを隠蔽する。整理すると、データベースを物理的に同時に管理すべき項目に分割し、それぞれのデータ群をオブジェクトに隠蔽する。

それにより、各オブジェクトがデータを必要なときにそのデータを持っているオブジェクトと接続し、データを提供してもらうアーキテクチャーにするのだ。このようなソフトウエア開発方式が、オブジェクト指向技術である。

この方式により、DBの共有する範囲が極めて限定されることになり、機能追加によるほかの機能の手戻りが最小化され、柔軟に機能追加が可能となるのである。

(3) 機能修正を柔軟に早く行う

システム改修に時間がかかる理由は大きく2つある。1つは影響範囲（改修によって影響を及ぼす範囲）と修正すべきプログラムの特定で、もう1つは連結テスト・総合テストなどのテストである。ITシステムによって異なるが、システム改修にかかる工数の7～8割は、この2つが占めている。この2つを効率化できれば、極めて早い対応ができることになる。

これについては、前述したように密結合のモノリスシステムになっていることが最大の問題である。改修を効率よく実施するには、ITシステム（サービスという表現が適切だと考えられる）は小さな機能が疎結合で構成されているのが望ましい。疎結合を実現するには、各サービス間は、最小限のデータ項目で接続されている必要がある。これまで一般的であったトランザクションデータの交換ではなく、非常に限られたデータ項目をやり取りするAPI接続が求められる。これは、前項で述べたオブジェクト指向技術の優れた点でもある。

さらにAPI自体が安定し、追加項目がほとんど発生しない構造を作り出すことが重要となる。そのためには、サービスが隠蔽するデータ項目をできる限り少なくすることだ。ただ、少なくすればするほど、サービスの接続が多岐に及び、複雑化していく可能性がある。全体的な方針と構造の方向についてしっかりとしたルールの整備が必要になる。

サービスを小さな機能として疎結合で作りこむこと（オブジェクト指向技術そのもの）が、機能修正を早く柔軟にできる最大のポイントである。

(4) 他のエコシステムと容易に接続できる

エコシステムとの接続については、前項で説明したことが実現できれば技術的な問題はほとんどない。API接続によって、必要なエコシステムのデータ・機能を活用できるからだ。

問題は、どうやって活用するエコシステムを見つけるかである。外部のエコシステムは、アンテナの張り方にもよるが、基本的に外部カタログを参照することから始める必要があり、探す手順は、適応する業界ごとに当然変わると思うので、各社で検索方式を作成することになる。

最も効果的なのは、社内でのサービス活用である。社内であれば、基本的には利用料は発生しない、便宜上他の部署のサービスを活用するには、利用料の支払いが部門間で発生するが、会社全体から見たら、同じ財布の中での移動でしかなく、料金は発生しない。

これに関しては、Amazon.com（AWS）で面白い話を聞いた。同社では1000をはるかに超えるチームが毎日サービスを開発している。こうした状況で、サービスをどうやって有効活用しているのか、同社に質問した。彼らの答えは簡単である。「必ず社内のサービスを活用する強い動機が働く。なぜなら、そもそもバジェット（チームの予算）が少なく、さらに、予定のバジェットを下回ることが、チームの評価につながるから」だという。そのため各チームは社内のサービスを隅から隅まで調べ、活用し、作るプログラムの量を最小化しようとする。経済合理性をうまく使っていると思う。

当然だが、社内のサービスの機能あるいは利用方法は、必ず社内システムに登録されている。使用率の高いサービスを提供していれば会社から高く評価されるだけでなく、その開発者は社内的に一目置かれる存在になるようだ。

ここで説明したソフトウエア開発技術を整えていくことが、SoEシステムに求められる基本要件を満たしていくことなる。

2-2 SoRに求められる基本要件

SoEに求められる基本要件は、SoRにも求められるのは自明の理である。SoEの要請に応えるには、SoRは早く・柔軟に・安く対応することが求められるからだ。ここでは、それらに付け加え重要と思われる2つのポイントを説明する。

SoRに求められるアーキテクチャー

1つは、SoRに求められるアーキテクチャーである。これまでも述べてきたように、SoRは非競争領域と競争領域に分けられる。現状は双方とも各社が独自にITシステムを開発し、独自に運用しているケースが多い。しかし、非競争領域は、業界あるいは全業界で共通な機能であり、全体最適を考えれば、共通的なパッケージ、あるいは、エコシステムを活用すべき領域である。

さらに、日銀・取引所・カード会社・銀行など、様々な外部のエコシステムとの接続を実現することが求められる。当然、SoRの2つの領域がシームレスに連携し、SoEともシームレスに接続する必要があるのは言うまでもない。これら全体の整合性を取りながら、シームレスに連携し合うアーキテクチャーが求められる。

SoRは顧客情報などの機密情報を多く持つシステムである。従って、上記のネットワーク化が進む中で、いかに情報を外部から守るかをも考える必要がある。

このようなアーキテクチャーを「DXアーキテクチャー」と呼ぶことにする。

ポイントの2つめは、信頼性だ。SoRは会社の生命線を握るシステムであり、安全性を担保しなければならない。様々なエコシステムと接続することになるが、前述したが、直列的な接続は非常に危険である。そういう意味では、他のエコシステムも含めた信頼性を高める必要があると考える。

さらに、SoRの基盤をセキュアにすることが大きな課題だ。昨今はファーウェイ問題などがあり、ITシステムに対する規制を考慮する必要がある。重要インフラとして定義されている「情報通信」「金融」「電力」「ガス」「政府・自治体」などの14業種は規制を受けることが想定される。ハードウエア・ネットワーク・基本ソフトウエアなどが対象となるので、これについては考え方を整理して記述する。

図表2-2を基にDXアーキテクチャーを説明する。

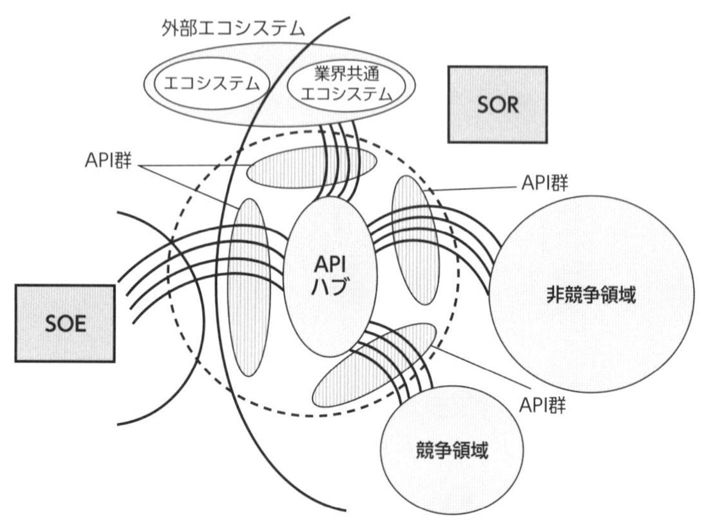

図表2-2 DXアーキテクチャー

中心となる「APIハブ」は、SoE、非競争領域のSoR、競争領域のSoR、外部エコシステムの4者をシームレスに接続する仕組みを想定している。システム間の接続は、基本的にはAPIを前提として整理した（現状はすべてのシステム接続がAPI化されていないため、オンライントランザクション型あるいはバッチ型の接続も含めた仕組みとなるが、本書では、将来的なアーキテクチャー全体像を示す）。

APIハブは、各ITシステム間の情報の流れと接続状況を管理しつつ、常に監視し、トラブルなどが発生した場合は一次的な対処を実施する。SoEから見ると、外部エコシステム・SoRの競争領域・SoRの非競争領域すべてがAPIハブを通して接続されることになり、APIハブが唯一の接続先となる。従って、各システムとの接続は標準化されており、接続先を意識しない構造となっている。これは、SoR側から見ても同じことになる。ただ、外部エコシステムの接続に関しては、企業側の標準化ルールを完全に守ってもらえるわけではない。そのため、APIハブは外部との接続手順などを企業側の標準手順に変換する機能を有すことになる。外部エコシステムにはSoRの非競争領域も含まれる。従って、外部エコシステムであっても、社内のSoRと同様に利用できることが前提になる。

各ITシステムに含まれている各サービスは、APIハブを通して各ITシステムの個別のサービスと接続し、ここに含まれるすべてのサービスが、疎結合の形でお互いに接続している。こうした構造なので、個別のサービス単位にリリース可能となり、修正なども柔軟でスピーディに実施できる。リスクもサービスの機能範囲に閉じ込めることが可能となる。

図表2-3は、SoRのアーキテクチャーを示している。

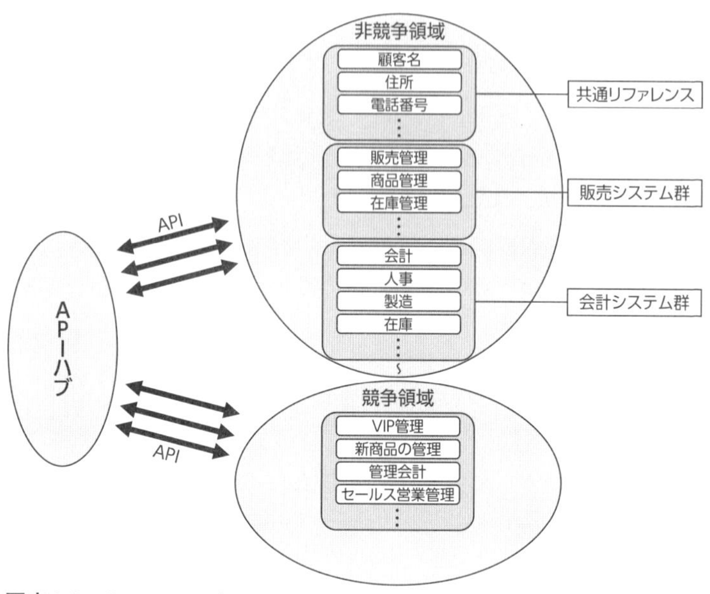

図表2-3　SoRのアーキテクチャー

SoR内の非競争領域と競争領域の具体的な機能を例示しながら両者の関係を整理している。ただし、非競争領域は、企業内のシステムではなく、外部のエコシステムを活用する場合も多いと考えられるが、絵が複雑になるので、ここでは、非競争領域のサービス群に含めて記述している。

非競争領域の例としては、共通リファレンスシステムとして、顧客名、顧客住所、顧客電話番号などの顧客属性データを管理している機能群を挙げている。これらに関しては、業界あるいは業界をまたいで共通化できる機能群だと考えられる。ここでのポイントは、顧客名・顧客住所などを分離してサービスとしているところである。これまでは、これらの顧客属性は同一のデータベースで管理されるのが王道であった。ところが、よくよく考えてみると、例えば、結婚などによる顧客名の変更は、必ずしも住所変更を伴うわけではない。もちろん、電話番号が必ず変わることも無い。逆に、住所変更したときに名前が変わることは、あまり無いと言える。つまり、これらの項目は、独立事象の項目であり、同じデータベースで管理する必然性は無い。逆に、名前の言語対応（英語・中国語・韓国語など）、電話番号の海外対応、メールアドレスの登録機能の追加などの対応を考えると、データベースを共有化すると対応が極めて大掛かりになることは既に説明した。つまり、サービスごとに疎結合とすることで、柔軟でスピーディーな対応ができる構造になっている。

重要なことは、各サービスに個人情報を分割することで、基本的には、単独では個人情報として取り扱う必要の無いデータになるということだ。それぞれの項目をバラバラのサービスで提供しているため、たとえ外部に情報が漏洩したとしても、バラバラの情報である。APIで情報提供する場合も、最低限の情報のみを提供することにより、さらに強固な個人情報管理が可能になる。例えば、指定された会員番号の方が、どこの市町村に住んでいるかがわかればいい場合、「神奈川県川崎市」までの情報をAPI連携すれば十分なのである。このレベルであれば、そもそも個人情報に当たらない。

個人情報に関しては、今後ますます規制が厳しくなる。最近の個人情報に対する考え方は、あくまで個人情報をコントロールするのは本人であり、個人情報を提供された側は、個人情報を守ることが責任であるという形に変化している。それと同時に、個人情報を適切な形に加工することで、様々なマーケット分析などの企業のデータ活用を促すことも可能になってきている。

そういう観点では、バラバラにして持つことにより、情報をリクエストしてくるサービスに最低限の情報を渡すことで個人情報を渡さないことが可能となる。さらに、複数の情報をリクエストして結果的に個人情報を持つサービスには、接続条件を厳しくすると共に、個人情報の適切な削除の仕組みの導入、利用状況のモニタリングなど特別な監視の仕組みなどを義務づけることで、個人情報をレベルに分けて管理することが可能になる。さらに、個人情報を活用している管理すべきサービスを特定することができる。そのため、個人情報の管理範囲を極小化できる。

これまでは複数のデータベースで個人情報を管理している場合が多く、例えば「顧客名」を修正する場合、個々のデータベースを修正しなければならなかったが、このアーキテクチャーでは「顧客名」の情報は1カ所で管理されることになる。従って、1カ所で顧客名を変更すれば、すべてのサービスが新たな顧客名を利用することになる。この方式は、既にエストニア政府で実現されている方式である。エストニアでは、企業も個人情報を持つことなく、国のX-Roadにアクセスして、その都度、情報提供してもらっている。国全体で最適化と個人情報の管理を行っている。

次に、**図表2-3**に示した販売管理システムは、業界で共通の商品管理サービスなど、定型的な商品を提供するサービス群である。企業システムとしては、会計のサービス群、人事のサービス群などがある。例えば、会計の場合は、仕分けサービス、資産計上サービスなど複数のサービスからなり、サービスごとにAPIハブと接続することになる。つまり、サービスごとに機能追加・変更を柔軟に対応できる構造をイメージしている。

競争領域では、重要顧客（VIP）の管理、あるいは独自の商品の管理、管理会計など企業の独自の仕組みを提供するサービス群である。それぞれのサービスに関しての考え方は、非競争領域のサービス群と同じである。この領域のサービスは、APIハブを通じて、SoE、非競争領域SoR、外部エコシステムとシームレスに接続される。

SoE、SoR、外部エコシステムの全体のシステムとしては、モノリスシステムからの脱皮を基本として、様々な個々のサービスが、有機的にシームレスに独立性を保ちながら接続し成立するアーキテクチャーを目指し、結果的に全体としてエコシステムが構成されることになる。

信頼性の高いSoR

ITシステムの信頼性を高めるために、様々な工夫をしてきている。例えば野村総合研究所のデータセンターでは、同じ東京電力でも異なる経路の変電所2カ所から引き込んで電力供給を2重化している。さらに各機器も、異なる系統の分電盤のコンセントに両方接続するように設定している。自家発電装置も完備しており、数日間対応可能な燃料を常に確保している。自家発電装置が稼働するまでの間のつなぎの蓄電池も大量に準備し、無停電で、電力会社から自家発電機への切り替えを実現している。蓄電池は、電圧などを常に監視し、劣化の見られるもの、耐用期間を過ぎたものは、随時新しいものに取り替えている。また、自家発電装置も必要な台数より多く設置し、自家発電機の不良にも対応している。当然定期的に自家発電の稼働テストを繰り返し、障害発生時の訓練も行っている。

同様に、ネットワークも複数のパートナーから引き込んでおり、完全な2重化・3重化を実現している。このように、データセンターでは、考えられるすべての状況を勘案した上で、発生したトラブルや技術変化を捉えながら、最善なものにするべく常に研鑽を続けている。

このような前提の上で、これまでのITシステムでは、実際のサーバーなどのハードウエアは、基本的にすべて二重化されている。また、ネットワーク機器なども二重化されており、実際の通信回線部分も含めて二重化をしている。そういう意味では、ハードウエアとしては、冗長化を徹底的に進めると共に、障害発生時の手順書の整備、障害訓練などソフト面でも冗長化を現実的にするために努力しており、信頼性を高めるよう日々努力している。

ただ、現在のITシステムでは、冗長化が不十分な面がある。先に述べたように、アプリケーションの冗長構成は取っていない。アプリケーションにバグがあれば、ハードウエアを変えたとしても状況は変わらない。バグのあるプログラムを入れ替えなければITシステムは正常化しないのである。

図表2-4は、アプリケーションの冗長化を示している。

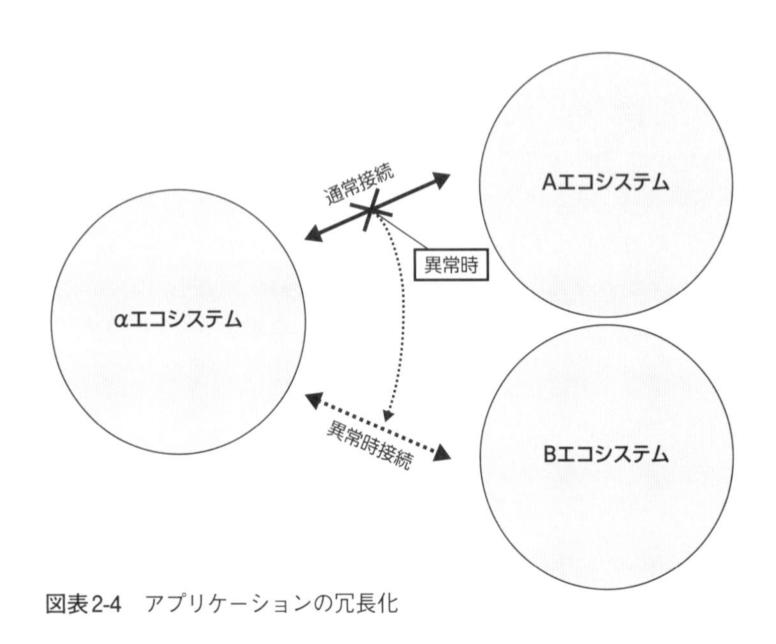

図表2-4　アプリケーションの冗長化

αエコシステムは、通常はAエコシステムと接続しているが、Aエコシステムに異常が発生した場合、αエコシステムは自らAエコシステムと同様な機能を有す、Bエコシステムと接続し、αシステムは、稼働し続けることが可能となる。このような接続形態を、核となる機能のサービスでは実現していくことが必要になると思われる。特にSoRの場合は、複数のITベンダーからのサービス活用を前提とすると、複数の同一機能ではあるが構造の異なるエコシステムを活用していくことが一般的になると思う。さらに、同一機能で異なる構造を持つエコシステムが複数あることが、健全な競争を生み出し、より良いサービスの提供を受けることになると考える。また、取引所などのように、現状では、1つしか機能が実質的に無いサービスの場合は、ネットワーク化が進む中で、どのような形態が求められていくかは、時の流れの中で、自ずと決まってくると思われる。筆者はグローバル化の中で、必然的に複数の同一機能が存在していく形になるのではと考えている。ITの世界では、東京とニューヨークの物理的な距離の差は、ほとんどなくなってきており、時間と空間を越えるのがITシステムの特性であると思う。

アプリケーションのトラブル対応には別の方法もある。それは、接続面の細分化である。例えば、東京証券取引所と各証券会社は、少数の物理的な回線で接続されている。どんなデータが行き交っているかというと、様々な上場企業の注文データ（売りあるいは買い）、また、注文が成立したデータなどである。この少数の回線にすべての重要なデータが集中するのである。

建物を例に説明すると、巨大なつり橋をつっているロープは、太い1本の金属棒ではなく、たくさんのワイヤーを束ねて作られている。なぜなら、ワイヤーが何本か切れても大丈夫だからだ。1本の太い金属棒は1本のワイヤーより強いかもしれないが、それが折れたらつり橋は壊れてしまう。ワイヤーであれば、何本か切れた時点で対策を打つこともできるが、金属棒だと対応が難しいのは自明の理である。特に強度を求められる場合は、1本でなく複数のワイヤーを束ねることで圧倒的な強度を出すのが常識である。

これをITシステムの接続でなぞらえると、例えば、注文データを上場企業ごとに分割し、細かな機能のサービスに分割し、たくさんの物理回線を利用して、APIで証券会社と取引所を接続するような工夫が必要になってくると考える。このような状況を作ることにより直列接続から並列接続に置き換えられ、ネットワーク強化が図られる。影響範囲も極小化され、ITシステム全体に影響するトラブルには発展しづらくなる。さらに限定した機能でのトラブル対応となり、対応方式も比較的簡単になる。

今後、様々なITシステムが接続される中、安全で、障害に強いネットワーク構成を考えていくことは、業界共通化を進めていくうえで重要である。業界全体で絵を描きながら協調して進めていく必要がある。当然ながら、業界をまたいだネットワーク連携は、ますます増加していく中で、業界間も社会の安全・安心を踏まえた連携を基本とするため、新たな形の接続形態に変えるように、国としても考えていく必要がある。

社会を支えるシステム基盤―Japan Cloud構想―

次に、システム基盤についてである。前述したように、ハードウエア事業者の競争力は低下し、クラウド事業者の競争力はますます強大になると考えられる。クラウド事業者のITシステムの規模は、個別企業のそれより格段に大きい。その大きな規模での最適なハードウエア・ネットワーク・基本ソフトウエア・セキュリティ・システム運用などを独自に構築してきている。当然ながら、個別企業の規模で独自に作るのに比べて、コスト面・機能面・安全面などすべての面で優れている。そのため、企業サイドは、すさまじい勢いでクラウド化を進めてきているのが実態である。さらに、クラウドネイティブなアプリケーション開発基盤も提供し始めており、新たなソフトウエア開発方式の対応も既に確立している。その環境を外部のITベンダーにも提供しており、たくさんのエコシステムがクラウド上に存在している。クラウド事業者のサービス領域は、アプリケーションの領域まで飲み込もうとしている。

さらに、音声・画像などの膨大なデータを所有し、これを活用し、AIあるいはディープラーニング技術を駆使して、認識技術などをエコシステムとして提供している。また、膨大な取引データなどの活用により、より確実に顧客1人ひとりにあった商品を提供するなど、その影響範囲は多岐に及んできている。米国のクラウドベンダーが情報技術とデータを独占的に所有している状況といえ、様々に規制されるとしても、今後のビジネスを考えると日本にとっては極めて競争上の不利になる気がしてならない。

中国がこの危険を察知しているかは定かでは無いが、着実に米国の対抗馬として力をつけている。代表的な戦略は、中国市場を特定の企業に集中させることにより、その企業を世界で競争できるレベルに引き上げることである。

中国国内の市場規模で、米国クラウド事業者の規模に十分伍することができる。ハードウエア技術としては、米国に対抗できるだけの環境と市場が用意されているのである。つまり、実際に米国に対抗できる規模を確保した上で、市場を独占させることで、技術開発可能な資金を調達できる体力を与え、対抗できる技術と会社という器を計画的に作っていると考えられる。

この手法は、シンセンの新興企業にも多く見られた。中国企業は「海亀」と言われる米国企業で技術習得した若手技術者を高額で引き抜き、先進企業に投入することで、米国企業に肉薄してきている。米国もこのことに気づき、中国との関係は厳しい状況を生んでいる。

日本は、米国のクラウドベンダーを軸に活用していく方法が最も現実的であるといえる。GAFAをにらんで様々な規制をかけるEU方式を念頭において、現在の政府は対策を進めている。政府がやるべきことは、社会を支えるシステム基盤に関する活用方針を示すことで、特に重要インフラ業態から明確にしていく必要がある。その上で、各企業はITシステムの部位ごとに、分類して、対応方針を作成していく必要がある。電気・ガス・鉄道・金融などのITシステムのインフラを、米国の1企業に任せられるのか、今一度きちんと議論をする必要があると思う。

IT産業は既に、すべての産業を支えるインフラ産業になっている。ITシステムが止まれば、電気・ガスなどのインフラサービスも止まる。つまり、インフラ産業のインフラとなるのがITシステムであり、そのITシステムのインフラがクラウドである。まさにクラウドサービスは、国の根幹を支えるサービスであり、その重要性は計り知れない。そういう現実を見据えて、国としてどう取り組むべきか考える必要がある。

日本は、サーバーを製造できる第三の国である。実際世界に輸出しているという意味では、米国を除くと唯一の国である。EUとは異なり、クラウド開発に必要な技術を持っている。ここで、筆者の願望として、日本が本格的なクラウド事業を立ち上げることを思い描いてみたい。「Japan Cloud」構想である。

そのためには、第1の条件として、市場規模を提供することである。TPP（環太平洋パートナーシップ協定）の電子商取引において政府関連は対象外になっているので、Japan Cloudを「日本国政府・地方政府のシステム基盤」と定義するのだ。さらに重要インフラ産業と言われる領域に広げると、かなりなシステム規模になると想定される。日本のハードウエアメーカーに「クラウドに対抗するハードウエアを作るには、どのくらいの規模が必要か」と聞いたことがある。答えは、「現在の規模の10倍」だそうである。そういう意味では、上記の規模がまとまれば、可能性が十分あると思う。このあたりの方針を、政府として打ち出していくことは考えられないだろうか？

第2の条件として、技術の垂直統合への対応である。大手クラウドベンダーは、データセンターから、ハードウエア、ネットワーク、基本ソフトウエア、ソフトウエア開発ツール、エコシステムとITに関わるすべてを垂直統合して提供している。さらに、発電所までも建設している。このように、1社ですべての技術を統合し、最適化を計っていることが大きな強みである。

ところが、日本では、ネットワークは複数の通信事業者が担当している。ハードウエアは複数のベンダーが対応しており、基本ソフトもハードウエアを担当しているところに加えたくさんのソフトウエア事業者が存在する。日本はそれぞれのレイヤーで専門性のある事業者が競争して発展してきた。クラウドベンダーは、ある意味すべてのレイヤーを統合して、最適化を目指しており、日本のIT関連企業とはまったく違うスキームになっている。

これは、トヨタが、日本電装・アイシンなど様々なレイヤーの技術を持つ企業を活用しつつ、全体の設計を自ら行い、競争力ある自動車を作り上げているのに近いのかもしれない。トヨタのような全体を設計する機能と、個別のレイヤーを担当する機能からなる組織を設計する必要がある。個別のレイヤーは、当初は1

社にまとめていくことが求められる。それは、規模を確保するためには集中化が必要となるからである。そのためには、個別レイヤーを担当する会社から人材を全体最適の組織に集め、新たな会社とする方法がある。そして、その会社の設計に基づいた製品を、各レイヤーの担当会社が、注文を受け、製造し納品する形が1つのモデルと考えられる。

第3の条件は技術戦略である。クラウド事業者は、毎年1兆円を超える巨額の投資を行っている。これだけの投資をする原資はなかなか作れないが、そもそも、彼らと正面きって競争をする必要はないだろう。オープンになった技術を中心に、確実に必要となる技術を順次対応していくことのほうが、プライオリティは高いはずである。既に何週も遅れている状況の中で、まずは、半周遅れをターゲットにし、彼らの成果を着実に最小コストで対応する技術戦略が必要ではないだろうか。最先端での勝負は、力をつけるまではお預けとして、まずは、半周遅れの達成を目標とし、必要なコストに限定する。新たな技術開発は彼らに任せて、二番煎じで対応することが良いのではないかと思う。まずは、SoEよりSoRのシステム基盤として対応していくことが重要であると思う。対応すべき技術の優先順位をつけた上で、順次対応することが必要である。

大手クラウドベンダー上で開発されたエコシステムが、比較的簡単に稼働することは重要である。かつて、日本のハードウエアメーカーが採用した「IBMコンパチ戦略」である。クラウドベンダーの重要な囲い込みとして、ソフトウエアベンダーが開発したエコシステムの活用が挙げられる。これらのエコシステムを簡単に使えるようにするというのが、後発としては重要だということだ。

ムーアの法則がそろそろ限界に近づく中、今のコンピュータから量子コンピュータにいずれ変わることになると考えられる。半導体の極小化は限界がある。量子いわゆる分子レベルの状態を安定的にコントロールすることが可能となると、非連続の性能向上が見込まれる。半導体では「0」あるいは「1」の状態のみを持つことできたので、これを最小の情報の単位として「1bit」という概念が生まれた。「2bit」は、「00」「01」「10」「11」の4種類の情報を持つことができる。こうしてbit数を増加させることで、情報量を増加させてきた。そのため、半導体をたくさん詰め込めば詰め込むほど情報量は増加したのである。だから、半導体の小型化が重要な技術だった。量子コンピュータでは、この1bitの状態が「0」と「1」の2つの状態ではなく、もっと大きな数の状態を安定的にコントロールする技術の開発を目指している。状態の数が増えれば増えるほどとてつもなく性能が向上するのである。さらに、光で量子を安定的にコントロールする技術も開発しており、より速い制御と長い距離を減衰せずに情報を送ることができるようになる。

なぜ量子コンピュータの話をするかと言うと、米国大手クラウドベンダーに日本が追いつけるとしたら、量子コンピュータの実用化が見えたころになるからだと想定するからだ。新たな要素技術である量子コンピュータを最も活用できるのはクラウド事業者であろう。クラウドは、ハードウエアだけでなく、ITシステムを世界中で安定的に運用する技術、ソフトウエアを効率的に開発する技術など、多岐に及ぶ技術が必要となる。そこに量子コンピュータ開発で日本が主導的な立場になったとしたら、本当の意味で競争に参加できるのではないかと考えている。

話は変わるが、筆者はJISAの活動の中で、東南アジアのIT協会と定期的に会合を持ってきた。そのとき「日本はクラウドをしないのですか？」と言う質問を受ける。東南アジアのいくつかの国は、中国にも米国にも全幅の信頼をなかなか置けず、この2者択一の状況をよしとしていないのである。日本は様々な国から信頼されている国である。東南アジアだけにとどまらず、欧州、中東など世界の国から好意的に見られている。

さらに、「Made in Japan」は世界ブランドであり、日本製に対する信頼は極めて高い。クラウドを利用するということは、利用者の活動の生命線を預けることになる。コストあるいは利便性も大事であるが、特に重要な機能になればなるほど、信頼できるかどうかの優先順位が高くなると考えられる。そういう意味でも、日本の提供するクラウドは、世界から求められるのでは、ないだろうか。また、日本自らクラウドサービスを行うだけでなく、クラウドサービスそのものを外国政府に提供する方式も考えられる。そうすれば、自ら運営する安心したクラウドサービスを各国が作ることが可能となるからである。

米国からしても、中国のクラウドを選ばれるより、日本のクラウドを選んでもらった方がよいのははっきりしている。米国はすべての国から信頼されているわけではないし、中国も同様である。これらの国の思惑の中で、日本独自の立ち位置を作っていくことが必要だし、世界の国々も求めているように思う。

クラウドベンダーが今の姿になれた理由

クラウド事業者は、なぜ、あのようなシステム基盤を作ることができたのだろうか。筆者は、クラウド事業者自体がとてつもなく大きな事業を自分自身で抱えてきたからだと思う。

Amazon.comは、ECの世界で急速な発展をしていく中で、巨大な顧客基盤を結果的に持つこととなった。おそらく最初はモノリスシステムであったが、それでは様々な顧客ニーズに対応できないと気づき、その問題を解決することが、クラウドサービス・マイクロサービスを生む原動力となったと想像する。

Googleは、検索エンジンを動かすために巨大なコンピュータパワーが必要となり、市販のサーバーで構築しようとするとあまりにも高価だった。そのため、自らもサーバーを作った。

今でも米国シアトルの本社には手作り感満載の開業当時のサーバーが展示されている。当初からハードウエアを作る文化があったのだ。Googleの検索エンジンでは、中国を除けば独占状態にある。多くの人が毎日何度かは「ぐぐって」いると思うが、様々に散らばっている情報の中から、あの速さで、特定の情報をどうやって探しているかを考えてみると、彼らの偉大さと巨大さを感じざるを得ない。文字を少し入れるとプルダウンメニューに候補が表示される。これは、文字を入れると同時にその文字がGoogle側にネットワークを通じて送られ、候補がＰＣ側に送られ表示されていると考えられる。リターンキーも押してない中で、どうやって文字の入力情報をGoogleが受信しているのか、筆者には理解できないし想像もできない。Googleは顧客ニーズに応えるために、巨大でしかも圧倒的なパワーを持つハードウエアとネットワークを所有しながら、個々のニーズに寄り添ったソリューションを提供している。

Microsoftも、彼ら自身のビジネスが世界で圧倒的なシュアを持つ中で、彼ら自身のサービスをクラウド化していくために、巨大なリソースを必要としたことは想像に難くない。同社はWindows95以来、ＰＣを中心とした様々なアプリケーションを作成してきた。オブジェクト指向技術を全面的に採用した最初のメジャー製品はWindows95である。今後主流となるマイクロサービスは、そもそもオブジェクト指向技術である。この技術において、Microsoftは1日の長がある。先日、MicrosoftのクラウドサービスAzureのプレゼンテーションを聞いて愕然としたことがある。彼らの採用しているITベンダーのサービスに、日本の会社が提供しているサービスが無かったことである。このままでは、ハードウエアでなく、ソフトウエアも日本の競争力はなくなっていくのでは、と背筋が寒くなったのである。

クラウドベンダーは、自社サービスを持続的に提供し続けることにより、より良いサービスを顧客に届けることを基本として、ハードウエアからソフトウエアの様々なレイヤー、最近は、その周辺までを含めた総合技術で、全体最適を目指す巨大なIT技術企業、いや様々な産業を巻き込んだ技術総合企業になっている。その観点で日本の立ち位置を見ると、1つひとつの専門分野では十分勝負可能な地位を持っている企業は多いが、総合的な観点では弱い。クラウドベンダーはそれぞれのレイヤーを足し算することができる上に、全体での価値をさらに上乗せできている。日本企業はそれぞれのレイヤーでは高い価値がある部分もあるが、そもそも足し算できない。レイヤーとレイヤーでスムーズにつながらない。当然、全体的な価値など無い。各レイヤーの中だけで工夫の限りを尽くしている。そんなふうに見えるのは筆者だけであろうか。

昔から日本では「文武両道」という言葉がある。鍛え上げられた肉体の上に、正しい精神と教養が身につくという筆者は解釈をしている。この「文」というのがソフトウエアで、「武」というのがハードウエアだとすると、ハードウエアとソフトウエアが一体となって、互いに助けながら進歩していくことが今の日本には、まさに求められているのではないだろうか。

日本の情報産業は、未来の発展のためにも、総合技術の塊であるクラウドへの挑戦が必要だと考えている。特に情報産業は、次世代、いやもう始まっている新たな時代のすべての産業を支える、今後の世界の根本となる産業だと考えるからである。

2-3 政府システムに求められる基本要件

政府システムに関しては、前述したエストニアのX-Roadが非常に大きな示唆を与えてくれる。エストニアは130万人の国（日本の約100分の1）なので参考にならないという人が多くいるが、筆者はそう思わない。規模に関していえば、既にクラウドベンダーが実現できることを証明している。

Amazon.comのプライム会員は、1億人を超えたそうである(2018年4月時点)。会員の3割がプライム会員であると報道されていることから、会員数は3.3億人であったことになる。同社の会員はすべてオンライン会員であり、基本すべてインターネットを介してAmazon.comを利用している。日本の政府システムを考えたとき、全人口を合わせても1.3億人弱である。

アクセス頻度を考えても、Amazon.comのシステムより政府システムの負荷は小さい。筆者自身のこととして、国および地方自治体の窓口サービスを考えたとき、3月の確定申告、パスポートの更新（10年1度）、免許の更新（ゴールドだと5年に1度）、まれに住民票、印鑑証明（いつ申請したか記憶が無い）、くらいだろうか。筆者は標準的な日本人であるとは言わないが、Amazon.comの会員が、Amazon.comのサービスを利用している回数と比べるとかなり少ないように思う。

言いたいことは、日本国の仕組みをすべてオンライン化するための技術的な問題は、実はほとんど無いということだ。少なくとも、解決している実例があると考えるべきである。

ライドシェアサービスである米Uber Technologiesの人と3年くらい前に話をしたことがある。その時点でUber社の会員は全世界で7億人を超え、ドライバーは5000万人いたそうである。日本の人口をはるかに上回る会員数である。米Twitterは、日本のアクティブ会員が4500万人、海外は3.3億人。日本でもおなじみのLINEは、日本のアクティブ会員が7600万人、海外は2.17億人である。この数字を前に、日本政府の仕組みをオンライン化できない理由があるなら、逆に教えてもらいたい。

従って、エストニアが機能面で実現できたことを、日本政府のシステムとして実現できない技術根拠はない。

ただ、現在の日本政府の仕組みは、あまりにも非効率な縦割りになっており、そのITシステムは日本国民に奉仕するという立場で設計されていない。日本国民の主権と福祉の前に、地方自治の独立、省庁の独立という憲法上優先順位の低いはずの理由で、本来あるべき日本国民のための設計になっていないのだ。筆者は憲法学者では無いが、IT技術者の観点から、国民の主権と福祉を優先させるITシステムを設計することが、憲法の主旨であると考える。同時に技術的には、極めて複雑な構成になり過ぎているので、ITシステムを最適化することは必要になる。

政府システムに関しては、上記の認識の下、ITシステムの設計を進める上での優先順位について改めて整理し、政府および地方自治体のITシステムの基本法を制定する必要があるのではないかと思う。

その基本的な考え方をまとめておく。

①国・地方自治体は、2度以上、同じことは聞かない（ワンスオンリー・ポリシー）
②国民は、どの地域に住所を置いたとしても、同一レベルのITシステムを利用できる権利がある。
③国・地方自治体が提供するシステムは、国民に対して、同一のインターフェースを基本として、全体最適を優先したITシステムの共通化を進める。
④国民に対して、行政サービス、健康あるいは年金などの国民に共通のサービス、電気・ガス・水道などのインフラサービスなどは、電子化を前提として、共通的なサービスレベルを提供すると共に、ITシステムの共同化を可能な限り進め、コストの低減も併せて努力すること。
⑤国民から預かった個人情報のあらゆる権利と帰属は、国民個

人ごとにあり、取り扱いは、国民個人のコントロール下で取り扱う。また、国は、国民の個人情報を守ることの責任を負う。従って、他社からの求めに応じて国民の情報を提供する場合、取り扱うデータのレベルによって、接続要件を定め、審査の上で接続を認めること。また、サービスに必要な最小限の情報に加工して、十分なセキュリティを確保した上で提供すること。

⑥国・地方自治体は、待遇などに自由度を与えることを前提に人事などの制度設計に関しては、明らかな理由が定かではないことを除いて共通化する。さらに、共通化できないと判断された事項も、毎年、中身を精査し、共通化できるべく活動する義務を共通化するまで継続する。

⑦政府あるいは地方自治体において、個人情報に関するデータは、1カ所に集中させることを基本とする。さらに、個人情報を分割して管理し、1つのサービスでは個人情報に当たらない状況を作る。また、国が管理する個人情報を組み合わせて、個人情報を表示せざるを得ないサービスを提供する場合は、国（あるいは国が特別に許可を与えたもの）以外は、サービスを提供できないものとする。さらに、民間企業にも必要な情報を提供する（住所などは国で一本化し、各企業はデータを持たないで国のITシステム経由で取得する）。

⑧国・地方自治体は、ITシステムの基本的なシステム基盤を共通化し、同一のものを使用する。全体最適な構成を作るとともに、重要インフラ企業にも提供する。

⑨国・地方自治体は、ITシステムで共通化できる部分は、内閣官房・IT省のもとルールの整備とITシステムの共同化を図る。

⑩国・地方自治体は、ITシステムの構築に関わる適切な体制を準備すると共に、内閣府・IT省と各省庁、各地方自治体と役割分担を定め、必要な体制を構築すること。さらに、IT人材の計画的な育成と外部からの人材の流入を積極的に受け入れる人事制度を制定すること。

⑪ITベンダーとの信頼関係に基づく、契約のあり方を両者で話し合い、適切な価格と適切なITベンダーを選定できる仕組みを早急に検討する。また、ソフトウエア開発の基本ルールを定め、そのルールに従って納品することにより、異なるITベンダーであっても、常に共通の情報を国・地方自治体は得ることができるものとする。

⑫政府の電子化に関しては、民間のサービスを活用することを前提として、国・地方自治体が提供するサービスは、個人情報などに関わる、あるいは、緊急時などの特別な理由のものに限定する。

⑬すべての国民、日本に在住するすべての外国人あるいは希望する外国人には、国民番号を与えるものとする。

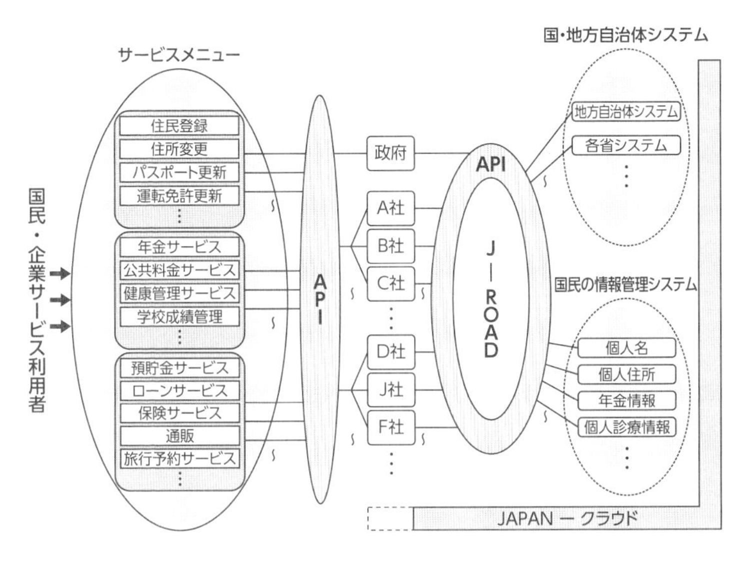

図表2-5　日本の政府システムのイメージ

図表2-5は日本の政府システム（J-Road）のイメージである（まだまだ不十分であり、考慮すべきポイントがたくさんある）。国民には様々なサービスが提供される。1つの線（同一のAPIを表す）が3つの線に分かれているのは、共通APIのもと3社（A社、B社、C社）が同一サービスを提供し、国民は自分にあったサービスを選択できることを示している。もちろん、サービスごとに課金もできる。国民により良いサービスを適正なコストで提供するには、民間企業の競争の原則を取り入れることが重要と考える。国は、国が直接サービスせざるを得ないもの、国民の個人情報も含めた確認が必要なサービスに限定して提供する。

図の下の方に「個人の学校成績」とあるが、このサービスは、D社・A社・J社が共通的に提供する教育サービスである。各学校に共通のサービスを提供することで、生徒の成績情報の管理、教科書あるいは、e-ラーニングなどの教材ツール、宿題などをすべてオンラインで提供するサービスである。親もこのサービスを通して、子供の成績を時系列にリアルタイムに確認することが可能となる。これは、エストニアの小学・中学・高校の一貫校に訪問したときに既に実現されていた。こういった民間サービス的なものも含めて、様々な機能が、メニューには登場することになる。

また、サービスメニューの一番下のサービスは純粋な民間サービスである。例えば、銀行は本人の住所・電話番号などは一切持たず、それらの情報が必要なサービスのみが、該当の国のサービスにアクセスして、必要最小限の情報を得ることができる。これにより、銀行は住所などの情報を登録したり、変更したりする業務から解放されるとともに、最も正しいと思われる国が管理している最新情報を得ることができる。これは、あらゆる業界で行われている重複した無駄な活動を効率化させると共に、ITシステムコスト・事務コストを低減させる。

「J-Road」は、様々な民間のサービスと、国が管理しているサービス（個人名・個人住所・年金・健康データなど）にアクセスできるAPIコントロールの仕組みである。この仕組みは、国のサービス単位に接続する民間各社のセキュリティレベルを確認した上で、接続を許可し、監視を続ける。国民は、自分のデータがどのサービスからいつアクセスされているかをいつでも確認できる権利を有している。これらは、セキュアで完全にコントロールされた、日本が開発したJapan Cloud上で運営されている。こういった全体的な構想を明確にしてうえで、現状のシステムをどう刷新していくかを考えていく必要があると思う。

第3章

米国で進展する IT革命の状況

3-1 クラウドベンダーの本音

筆者は7年前から年に1回以上のペースで米国に出張し、ここ数年はクラウドベンダーを定点観測している。特に2018年は「マイクロサービス」をキーワードに有識者へのヒアリングを行った。クラウドベンダーは「リフト」(クラウド移行)よりもコスト削減効果の著しい「シフト」(クラウドネイティブ化=マイクロサービス化)に重点を置き始めている。この点は2017年に訪問したときと相当変わってきている。

Microsoft

Microsoftでは、既存のお客様がまずはプライベートクラウドとして抵抗感なくクラウドを導入(リフト)し、段階的にクラウドネイティブ(シフト)に移行できる戦略である。2017年に訪問した時は、Azure Stackの提供に力を入れ「リフト」が中心の話であった。2018年に訪問した際は「シフト」の話が中心で、クラウドネイティブへの移行に力を入れ、そのためには「オープンなAzureが最適である」という主張であった。

その背景にはコスト削減効果がある。リフトで4割、シフトで元の5割、つまり全体で9割のコストが削減できるという。特にコスト削減効果が大きいのはシステムの維持・保守で、米国ではユーザー企業のIT部門に恩恵をもたらし、日本の場合はベンダーサイドの売り上げ削減につながるという話だった。

さらに、ユーザー部門でも話を聞いた。その部門では、Microsoftの巨額の資産を運用し、同社の全世界1000を超えるユーザーに対してITシステムを提供している。パッケージなどの外部ベンダーを活用しているものの、社内のシステムはマイクロサービスを採用してAzure上ですべて開発し、既存システムから移行している。それらすべてのITシステムの維持・保守にかかわる人員は10人未満であった。まさに、自らの実践による数字の証明（リフト＋シフトで9割削減）であった。

AWS (Amazon Web Services)

AWSでも、既存のお客様への営業としてはリフト＆シフトを推進する方向だ。顧客数が多く、リフトに必要なマイグレーションツールを多数保有している。いわゆるオープン系のシステムでは比較的容易にリフトが可能であることが、他社との差異化要因と考えている。また、稼働環境も多くサポートしており、OracleやWindowsもAWSのクラウドサービス上で稼働する。比較的既存のお客様も導入しやすい形態になっていて、その上でクラウドネイティブ（シフト）へ持っていく2段階作戦である。

Amazon.comでは、DevOpsおよびマイクロサービスを全面導入している。顧客の新たなニーズをすばやく取り入れ、機能追加と改善を継続することが、最大の競争力を生み出す源泉だと考えているからだ。2017年実績で年間数十万回リリースしており、1日当たり平均で1000件を大きく超えて、圧倒的なスピードを誇っている。

AWSでは、顧客企業のIT費用の3分の2が既存システムに使われていることを「Technical Debt」(技術的負債) と呼び、この課題に取り組むことが企業としての競争力を高めることになると考え、「シフト」に力を入れている。シフトに力を入れることに対しては、別の見方もある。「リフト」だけだと、既存ITシステムにはOracleデータベースなどの他社製品が残存しているケースが多く、それらの制約をAWSが受けることになる。Oracle自身もクラウドを進めている中、AWSに協力的な対応をする保証は無い。実際、Googleクラウド上ではOracleデータベースは稼働しない。Googleは、オープンなサービスしか使わないと表面上は言っているが、実態はOracleが提供を拒んでいるのではないかとうがった見方もできる。

AWSから見たとき、シフトをすることでAWSの環境に囲い込むことができる。まさに、ロッキングである。ハードウエアからネットワーク、アプリケーションまで様々なレイヤーでロックされ、これまでのロッキングとは比べることができないほどのレベルである。

そうした状況においてMicrosoftは、コンテナ技術を強調している。この技術に対応すれば、特定のクラウド環境によるロッキングを逃れられると主張している。Microsoftはこうした技術のオープン化の先頭を走っていると喧伝しているが、これは、MicrosoftがAWSの後塵を拝しており、彼らに追いつくための戦略と考えられる。AWSで話を聞いたとき、コンテナの話はほとんど出なかった（コンテナ技術はDockerと言われる技術と共に、クラウドベンダーでは必須の機能であり当然持っている）。Microsoftはつい最近までWindowsを使った囲い込みをしており、長い間、オープンの柱であるLinuxと戦った歴史がある。

Amazon.comの話に戻ると、Amazon Goあるいは、次世代の家庭でのAIを活用した先端的な技術の経験をできるラボを視察した。また、商品の入荷から出荷までの一連の業務をロボットなどの活用により、人的作業とITシステムの最適化を行っている倉庫を見学した。常に改善を繰り返して進化させている。さらに、実業務で音声認識・画像認識をはじめとするAI技術の活用が非常に進んでいることを体験することができた。AIのみならず、周辺機器との統合的な接続技術など、IT技術の活用が様々な分野に急速に広がっていくことを実感した。

3-2 ユーザー企業で進むマイクロサービス化

2018年9月、米国のユーザー企業（Staples社、Schlumberger社など4社）に訪問し、最近のITシステムについて話を聞いた。各社は一応に「マイクロサービス」への取り組みを行っていた。共通的に言えることは、SoEへの適応だけでなく、SoRに対しても適応を進めていることである。つまり、DXを推進するには、SoEとSoRの双方をバランスよく対応していくことが求められるということだ。2017年は先進的な企業のみが取り組んでいる状況であったが、たった1年で様変わりした感がある。

米Staples社（事務用品販売の最大手で全米に1000を超える店舗を所有）は、Amazon.comのスピードと柔軟性に対抗すべくマイクロサービス化を進めていた。同社は倒産したToysrusと近いビジネスモデルなので当然の対応と考えられる。流通ではSearsの倒産、昨年度のクリスマス商戦でのMacy'sの苦戦など「Amazon effect」の直撃を受けている。

マイクロサービス化に関する技術的な課題についても、様々な現実的な手法あるいはツールが生み出されていた。例えば、Staplesは、現行システムから新システムへの移行期間中に発生する新旧両システムのダブルメンテナンス問題について、極めてユニークな対応方式を作り出している。簡単に言えば、新システムで使う旧システムにもあるデータ項目に関しては、旧システムのデータベースの該当項目を、新システムから更新するツールを開発した。これにより、新旧システムのデータの不整合を発生しないようにしている。これにより、メンテナンスは、新システムのみを行うことを実現している。

さらに、現在700人の開発要員は、すべてマイクロサービス化すると大きく減少する見込みであることを確認することができた。「10分の1程度ですか」という質問に、「そんなに必要ではありません」と返答された。既にマイクロサービスでのメンテナンスを経験している状況を考えれば、生産性に関しては、かなり正確に捉えていると考えられる。総じて、圧倒的なスピードとともに生産性も桁違い以上の向上が認められる。

マイクロサービス化によりAPI管理などが必要となるが、これに関しては、API-GWなどのマイクロサービスを支援するツール群がどんどん提供されているというのが現状である。マイクロサービスをサポートするツール類が日々整備されている。

2018年7月には、金融機関を中心にマイクロサービスの適用状況を確認した。既にほとんどの金融機関がマイクロサービス化を実際に始めているとの報告を聞いた。カナダは米国に遅れてはいるものの、カナダ大手の銀行のトップがマイクロサービス化についてトップダウンで進めるよう指示が出ている話もあった。米国の情報が、カナダの経営トップに共有され、カナダにも広がっていることが確認できた。

特に衝撃的だったのは、米国のトップバンクの話である。その金融機関はFinTech対応として新たな会社を設立していた。ブロックチェーンやAIを活用した資産運用ロボテックなどを中心として扱っている会社だと思っていたが、それらだけでなく、ネットバンクシステムも扱っているのである。当然ネットバンクであるから、いわゆる基幹系（勘定系）のシステムが必要となる。ネットバンクシステムはマイクロサービス化され、一部の機能は現在のレガシーシステムに接続して対応していた。

その会社を訪問したときのやり取りはこんな感じだった。

筆者：「本社のレガシーの勘定系システムはどうするの？」
銀行：「あんな巨大で複雑なシステムは作れないよ。無理だよ」
筆者：「どうするの、維持できないでしょ。レガシーシステムは」
銀行：「ネットバンクに契約移管する。今のレガシーの契約は複雑で再構築は困難だからシンプルな契約に移管してもらうのさ。もちろん優遇金利などのメリットを顧客に与えて、何年かかけて移管するよ」

もちろん、いくつかの商品管理などの仕組みは再構築するようだが、すべての基幹システムを再構築するのではなく、必要最低限のものに限って行う方針のように感じた。愚直に真正面に取り組まないで、リスクとコストを最小化したITシステム開発以外の解決策があることに驚くと共に、様々な知恵を使い現状の問題を解決する姿勢に強い共感を覚えた。

米国ではすさまじい勢いでマイクロサービス化が進んでいる現実を感じると共に、日本の状況にもどかしさを感じる思いだった。

米国では、モノリスシステムからマイクロサービスへの移行は、SoEやSoRに関係なく、ソフトウエア開発技術の基本技術の変化として捉え、急速な変革が進んでいる。また、新たな技術の適応に関して、不可逆的な方向転換が起こっていると思う。ソフトウエア開発技術の変局点が遂に到来した、と筆者は感じている。

マイクロサービスは、これからのソフトウエアを中心とした社会を支える基本的なソフトウエア開発技術として生まれ、そしてさらに発展しながら持続可能な社会を支えていくソフトウエア開発技術に成長すると思う。

第 4 章

新たなアプリケーションアーキテクチャー「マイクロサービス」

4

4-1 既存のアプリケーションとの違い

図表4-1 はマイクロサービスの構造を示している。

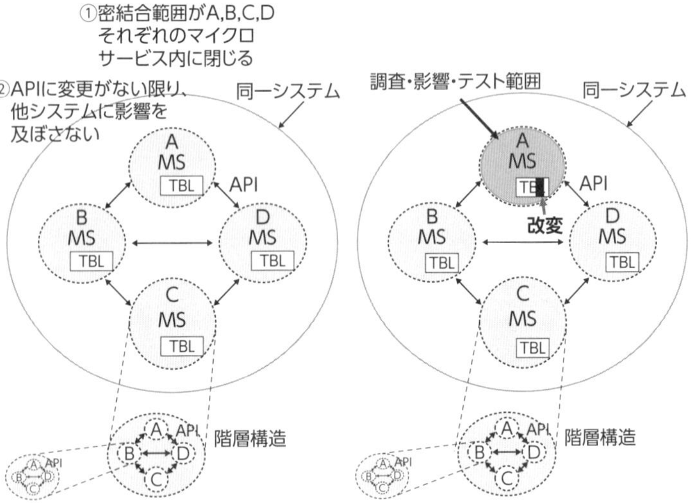

図表4-1　マイクロサービスの構造

モノリスシステムは共通したデータベースを持つが、マイクロサービスはそれぞれがオーナーとなるデータ項目をマイクロサービス内に隠蔽している。各マイクロサービスは必要なときに他のマイクロサービスのデータをAPIで参照したり、機能を利用するためにAPIで接続したりする（結果もAPIで提供してもらう）。従来のトランザクションによるシステム間連携と違って、必要な項目だけの疎結合度が高いインターフェースとなる。

マイクロサービスは階層構造になっており、下層のサービス（マイクロサービスと同様の構造）を組み合わせて、そのマイクロサービス特有の機能のみをプログラミングして作成している。下層のサービスは部品としてそのまま利用することになり、それらは既に十分テストされた、すなわち品質が保証されたものとみなすことができる。各マイクロサービスでは、部品部分のテストは省略可能で、特有の機能の部分のみテストするが、その機能は比較的少ない行数のプログラムで実現される。

データの追加などを伴う機能改変について考えてみよう。Aマイクロサービスの持つデータ項目が変更あるいは追加になった場合、APIに変更が無ければ影響範囲はAマイクロサービスに限定され、基本的にはテスト範囲もAマイクロサービス内だけになる。モノリスシステムのように関連する広い範囲の影響調査は必要なく、影響範囲も狭く連結テストや総合テストも最小限あるいは不要となる。

データの追加でAPIが変更になった場合、既存APIを残したまま、新たなAPIを作成すれば既存のマイクロサービスに影響を与えない。ほかのマイクロサービスでAマイクロサービスの追加データが必要となった場合、機能対応をした上でAマイクロサービスの新たなAPIを利用する。その時点で、Aマイクロサービスとの接続テストをするわけだ。ポイントは、Aマイクロサービスにデータを追加した時点では追加データを利用するマイクロサービスはまだないため、先行的に単独リリース可能となる点だ。

従来とは異なり、影響調査・連結テスト・総合テストの工程はほとんどなくなる。COBOL言語などで開発したこれまでのシステムの場合、データベースの項目が追加されると、プログラムの変更はなくても、そのデータベースを利用するすべてのプログラムのデータベース項目を最新版に差し替える作業が発生する。通常、数個のプログラム変更に対し、10倍以上のデータ項目の差し替え作業が発生する。その作業・管理負担からもマイクロサービスを使うと解放される。

影響調査・連結テスト・総合テストがなくなり、さらに開発作業そのものの負担が減少する。従って、理論的にはシステムメンテナンスの生産性を10倍以上に向上させる効果がある。

実際、米国の先進事例では、担当者は「10倍単位での生産性向上」を異口同音に発言していた。付け加えるならば、米国ではメンテナンスの生産性より、単独機能ですぐさまリリースできる「スピード」のメリットがより重要度が高いという声が圧倒的に多かった。

4-2 マイクロサービスの圧倒的な優位性

マイクロサービスの優位性について、「生産性に関すること」「スピードに関すること」「品質に関すること」「リスクに関すること」に分けて改めて整理しよう。

生産性に関するマイクロサービスの優位性

先ほど述べたように、メンテナンスにおいては、既存の生産性を10倍単位で上回ると考えられる。これは、非常に大きいメリットである。日本企業のシステム費用は8割がランザビジネス、つまり既存ITシステムに使われている。その多くはメンテナンス費用であり、単純にそのコストを10分の1以下にできると考えれば、システム費用全体に対してのインパクトが極めて大きいと言える。ユーザー企業は既存のITシステムの維持管理に多くの人材を投入しており、その人材を新たなSoEに振り向けることも可能となる。これは、ユーザー企業にとって非常に好都合である。

マイクロサービスでITシステムを開発すれば、新しいマイクロサービスを開発する場合、既存のマイクロサービスを活用することが可能となり、さらなら生産性向上効果を見込むことができる。競争領域の新商品の開発などは、既存の商品管理のマイクロサービスを活用できる要素が非常に多いと考えられるため、早く安く新たな商品開発を行える。

スピードに関するマイクロサービスの優位性

マイクロサービス単位でリリースできることがスピードにおいて最も重要なことだ。影響調査・テスト工程がほぼなくなるので、圧倒的に対応期間が減少する。加えて、設計開発工程も対象範囲が減少するために対応期間が短くなる。

これまでは、前述したように、改修案件があると連結テストや総合テストに工数がかかるため、案件ごとにリリースできず、年に数回の定期リリースを待たなければいけなかった。こうした制約事項から解き放たれる。つまり、従来は改修案件の設計・開発を終えても、決められた連結テスト・総合テストに納品期日を合わせることにより、ほとんどの案件がテスト待ちの状態になっていた。マイクロサービスであれば、独立して短期間で開発し、各マイクロサービスは随時提供される。これにより、桁違いのスピードでの機能提供が可能になる。

SoEでは要件変更が頻発するなど、スピードを求められるITシステムには、必須の機能と考えられる。

大量プログラムの更新を効率的に実施する技術開発も進んでい

る。その技術がDevOpsであり、これにより、大量のマイクロサービスを開発終了状態からリリースに向けて自動的に確実に高速でサポートできるようになった。

また、API接続が主流になってきている外部のエコシステムの活用が容易なので、スピードという観点では非常に効果がある。そもそも、作らずに、他のエコシステムを利用するので、早くて確実なのである。

事業部門はスピードを求めるため、米国では事業部門が勝手に様々なエコシステムを利用する。これを「シャドーIT」という。これは、セキュリティ・個人情報を十分守れない状況を作り出している。こういった状況を避けるためにも、全社ルールの整備は必要となる。

その意味でも、外部のエコシステムと柔軟につなげることができるシステム基盤は極めて重要である。IT部門を活用するメリットを事業部門が納得し、実感することが、全社ルールを徹底することにつながっていくからだ。そのためには、全社のITシステムアーキテクチャーを、外部のエコシステムの活用を含めてDXアーキテクチャーのように整理することが重要である。

マイクロサービスの最大の特徴はスピードである。DXが本格化する中で、常に変化に対応していくことが最も重要なことであり、生き残りの最もクリティカルなポイントであることは間違いない。自然界でも、細菌あるいはウィルスの薬への適応は驚くほど速い。非常に短い期間で代替わりをすることにより、適応できる確率を高めているのである。

ITシステムに求められるのは、機能を小さくし、機能の入れ替えを早く行うことで、社会の変化に対応していくことだ。マンモスのように巨大化したITシステムでは、前提条件が大きく変わるビジネス環境には適応できず、会社そのものが滅びていくのかもしれない。

品質に関するマイクロサービスの優位性

一般に品質とは「顧客満足度」で測られ、ITシステムの場合、「使い勝手の良さ」と「バグがない」の2つの側面で判断するとわかりやすく整理できる。

使い勝手の良さ

「使い勝手の良さ」は、「ユーザーエクスペリエンス」といった方がわかりやすいのかもしれない。この場合の「ユーザー」とは、顧客だけでなく、事業部門である場合もある。とにかく「使う側が心地よいと感じる」ことである。特にSoEでは非常に重要な要素になることは言を待たない。

しかし、昨今では、どうすれば、ユーザーエクスペリエンスが向上するか、提供側にはわからないケースが多く存在する。具体的には「提供する製品そのものをどのマーケットに訴求すれば評価を得るのかわからない」「どういう製品に設計すれば顧客に訴求できるかわからない」「どういう形でIT技術を活用すると製品の訴求力が向上するかわからない」という状態であり、そうした場合、顧客・利用者に実際に適応し、反応を確認していくことが必要である。

要するに「PoCが必要になる」ということである。そのためにITシステムに何が求められるかを中心課題として考察する。

簡単に言えば、「安くて、すぐ作れて、すぐ修正でき、すぐ機能追加できる」ことである。このうち「安くて」は、生産性の向上のところで既に述べている。また、「すぐ」の部分は、スピードのところで記述している。ここでの論点は、「作る」「修正する」「機能追加する」の3点となる。

「作る」には、とりあえず、基本的な小さな機能を、新たなビジネスモデルの仮説に基づいた要求事項として明確にすることが必要になる。その上で、小さく独立した機能を作ることが重要であると考える。つまり、小さな機能の要件のITシステムを、PoCを繰り返しながらどんどん修正し、新たな小さな機能を徐々に追加していくことが求められるからである。そのためには、機能単位に独立し、新たな機能を追加しても、影響を最小限にとどめる方式が求められるのである。

さらに、修正が容易で、独立してリリースできる必要がある。なぜなら、顧客の反応に応じて、何度も機能修正を繰り返し、本来の要求事項を実現していく必要があるからだ。

ユーザーエクスペリエンスのように要求事項がはっきりせず、実際に顧客の反応を確認しながら機能を明確化していく開発方式には、これまで説明したように、マイクロサービスが現状では最も適正がある。

もちろん、DXが求める新たなビジネスモデル変革のITシステムにもまったく同様なことが求められる。

バグがない

ソフトウエア開発では、バグがないという世界は存在しないことが通説になっている。大規模ITシステムをリリースすると、必ず、多かれ少なかれバグは発生する。筆者の経験で言えば、例えば100万ステップ（プログラムは1行1行の命令文の積み上げで作られており、その1行をステップと言う）の規模だと5から15件程度のバグが存在し、同様のトラブルを含めると数十件のトラブル報告として上がってくる。

いかにして致命的なバグを押さえ込むかがITプロジェクトのマネジメントで重要なことであるものの、バグを0に近づけるには、残念ながら、コストと期間の関係であきらめざるを得ないのである。

一般的に6シグマと呼ばれるレベルは、この数値をさらに1桁近く下げる必要がある。製造業は基本的に同一部品の大量生産であり、不良部品を発見し削除することで、製品として不良の状態で世に送り込まれることは非常に少ない。そもそも同一製品であり、製造プロセスは完全に一致している。その上、同じテスト方式（品質保証テスト）を使うことができるため、何重にも確認された手順で、かつ自動化されたミスの無い方法でチェックされ出荷される。ただ、物理的な存在のため、利用状況と暦年劣化が発生し、想定より早く不良化が起こる可能性は排除できない。わずかな確率でも命に関わるならリコールになる可能性がある。

制御主体がハードウエアからソフトウエアに移管されている中、ソフトウエアにハードウエア並みの製造品質を求められることは間違いない。ネットワーク化も進み、ソフトウエアのバグが世の中に与えるインパクトは非常に大きく、ソフトウエアの品質は、より高い信頼性を求められている。

ソフトウエア品質の最大の問題点は、ITシステムを構成している1つひとつのプログラムが、基本的にすべて手作りであり、独自に作られていることだ。一般的な製造業では、同一製品の大量生産での品質チェックであり、ソフトウエア開発とは大きく異なる。ソフトウエア開発の品質保証の難しさを、学生の学力達成度を例に説明しよう。学力達成度には2つの方法がある。1つはテストを実施して学力を測る方式だ。模範解答との比較で学力を確認する。ハードウエアの品質チェック方式と基本的に同じである。優れた方法であるが、従来のソフトウエア開発の場合、すべてのプログラムが異なるため、プログラムごとに正しい回答を用意しないとこの方式は使えない。もう1つの方法は、あるテーマに関して論文を書かせ、その内容を確認する方法である。この方式はソフトウエア開発のチェックに適しているが、論文をチェックするには高い知識と経験を持った人が、時間をかけて吟味する必要がある。そのため、大量のプログラムの品質チェックを同一水準で行うことは極めて難しい。従って、ソフトウエアの品質をチェックするのは非常に難しく、完全にバグを排除するのは無理だと言われてきた。

ソフトウエアの品質を保証する上で重要なことは、確認しなければならない部分を最小限に押さえ込むことだ。そのために、徹底的な部品化を推進する。これについては、前述したようにマイクロサービスの活用が極めて重要になる。

また、難易度の高い部分は、論文のチェックのように、高い技術力を有する人が時間をかけて中身を確認することが重要になる。ソフトウエア開発で最も難しくスキルが要求される作業の1つは、連結テスト・総合テストのテストケースを漏れなく設定することである。特に難しいのはITシステムを1つの箱（ブラックボックス）と見立て、どんな入力をするとどんなアウトプットになるかを、その箱の中身を理解した上で、網羅的にテストケースを設定することである。このようなテストを「ブラックボックステスト」と呼ぶ。

ブラックボックステストをうまく進めるには、要件定義を熟知している必要があり、事業部門・ＩＴ部門のリーダークラスのそれぞれの視点でテストケースを設定する必要がある。これらの人がテストケースの設定を漏らしたとしても、誰もチェックできない。品質は、テストケースを作成する人のスキルとモチベーションに左右されることになる。これは、品質保証上極めて不安定な特質を持っていることを示す。従って、ブラックボックステストに依存する現状の品質保証方式では安定的に品質を確保することは非常に難しい。

そのため、プログラムのすべての論理パターンを網羅的に実施する単体テストで、徹底的にテストすることが非常に重要となる。すべての論理パターンをテストすることを「ホワイトボックステスト」と呼ぶが、ここにもいくつかの問題がある。1つひとつのプログラムが異なるため、すべての論理パターンを挙げようとすると個人では限界がある。プログラムが1000ステップを越える規模になると論理パターンが膨大になり、難易度が高くなる。ただ、1000ステップ越えは普通の規模である。さらに、1つひとつのプログラムは異なるので、第三者のチェック体制を十分に整えることは、コスト・期間・スキルの面から非現実的である。結果的に、テスト担当者の自己チェックと第三者のサンプリングによるチェックが主体とならざるを得ない。第三者が極めて高いスキルを持ち、プログラムに精通しているかは一般的には保証されていない。そのような人材は、開発側に優先的に投入されるからである。

また、プログラム開発後の修正も多々発生しており、その都度、もう一度全論理パターンのテストを行うことをルールとしたとしても、すべての修正場面で確実に全論理パターンの再テストを行っているかに関して確認を取ることは極めて難しい。テスト担当者からすれば、ある程度まとめて再テストを実施したほうが効率的であり、テスト担当者の自主性に頼っているのが実情である。一般的なITプロジェクトでは、ホワイトボックステストの品質保証体制（スキルが高くプログラム内容を知っている技術者が、すべてのプログラムのテストケースを網羅的にチェックする体制）の確保が難しく、従って、技術的に難易度の高い連結テスト・総合テストでの品質保証に重きを置かざるを得ないのである。

マイクロサービスの場合は、比較的小さな単位で、さらに小さな粒度のサービスを組み合わせて実装するので、作成するステップ数は抑えられる。実質的にテストするステップ数は、1つのマイクロサービスでは多くても数百ステップ以内となる。全論理パターンを確認するホワイトボックステストの難易度は比較的低く、業務あるいはプログラムの内容を知らなくても、論理パターンを専門にチェックできる品質管理担当者を育成することが可能となる。これは、テスト専門人材という新たなスキルセットを持つ役割ができることになる（米国では既に一般的になりつつある）。

これにより、テスト工程を開発工程から分離し、テストの専門家によるテストが実施され、より専門性が追及され厳密なテストが行われる。開発業務とテスト業務が分離されることにより、テスト実施の証左がプロセス上必ず残されることになる。すなわち、これまで開発担当者のさじ加減で調整できたテストの実施状況がモニタリングされ、テストの実施状況を完全に把握できることになる。

今後の可能性として、論理パターンの洗い出しにAIを活用することで抜け漏れがないことの保証範囲が拡大され、テストの専門家が確認する範囲を極小化することが可能になる。加えて、AI活用により自動テストなどの効率化がさらに進む。

このことは、ホワイトボックスでのテストを中心とした、科学的な品質保証システムに変革していくことを示しており、ブラックボックス偏重型の不安定な品質保証から、桁違いの製造品質を実現できると考えられる。

リスクに関するマイクロサービスの優位性

マイクロサービスは機能を細分化することにより、1つひとつのマイクロサービスのトラブル時の影響範囲を最小化できる。特に重要なマイクロサービスに関しては、前述したように複数のエコシステムに接続できるようにし、エコシステムの状態を把握して、正常に稼働しているエコシステムに接続することでリスクを最小化できる。

加えて、新旧のAPIを並存させることにより、リリース時のリスクを最小限に抑えることも可能になる。

追加機能のマイクロサービスを開発した場合、既に存在しているマイクロサービスへの影響を最小化できる。これは、要求事項が不明瞭なITシステムを開発する際、手戻りリスクを最小化することになる。つまり、ある程度見えている機能から順番にマイクロサービスを作れるということである。

さらに重要なのは、機能を段階的に開発できることである。これは、順次機能を開発しながら実際に動いている（先行する）

マイクロサービスをユーザーが体験できることだ。これにより、次の機能のマイクロサービスの要求事項を作る上で参考となるからだ。つまり、ユーザーは先行する機能を体感し、次に行うべき作業をイメージすることで、開発する機能を明らかにしやすくなる。結果的に要求事項の整理が進むことになる。このプロセスを繰り返すことで、要求事項の整理の品質の向上と効率化を期待できる。このような段階的な開発を行うことにより、要求事項が決まりにくいITシステムの要求定義不良リスクを最小化できるのである。

　分割してソフトウエア開発を行うことで、結果的にプロジェクト規模の小さい集まりにすることになる。大規模システムより小規模システムのほうがプロジェクトマネジメントの難易度は低く、マネジメントのリスクは激減する。つまり、大規模プロジェクトをなくすことにより、プロジェクトリスクが最小化することを意味している。

　今後求められるITシステムの様々な要件に関して、マイクロサービスはほぼすべての要求事項を満たしていると考えられる。まさに、時代の要請に応える、新たなソフトウエア開発手法であり、新たなアプリケーションアーキテクチャーである。

4-3 マイクロサービスが抱える課題と対応の方向性

本項を理解するには専門性が求められるため、ITの基礎知識が無い方は読み飛ばしてもらってもかまわない。ただ、ここに書いた「マイクロサービスの課題」は重要で、適切な対応を取るには、会社の役割分担の見直しも含めた、全社的なルールなどを整備する必要があることを認識してほしい。

マイクロサービスは新たなアプリケーションアーキテクチャーである。数年前から言葉としては使われてきたが、きちっとした定義があって確立された技術ではない。

Amazon.com（AWS）は数年前からマイクロサービスを前面に押し出している。Googleは明らかにマイクロサービスの開発を行っていると思われるが「マイクロサービス」という言い方をしていない。ただ、彼らの著書『テストから見えてくる　グーグルのソフトウェア開発』（日経BP）を読むと、明らかにマイクロサービスの基本要件を満たした開発を行っていることがわかる。

そもそもマイクロサービスは、オブジェクト指向技術の具体的な手法である。最近流行のソフトウエア開発手法の1つである「カンバン」方式も、詰まるところマイクロサービスを前提としており、オブジェクト指向開発の手法として徐々に確立されてきている方法論と言える。また、Microsoftのように、デスクトップ中心の開発をメインで行ってきたITベンダーは、オブジェクト指向技術を長年にわたって実施していることもあり、マイクロサービス化を自然と身につけていると考えられる。

ただこれまでは、パソコン上に閉じていた、あるいは、Webを中心とするインターネットシステムの開発が中心であった。厳密性と信頼性が要求される基幹系システム（あるいは、広域のネットワークで信頼性の高いデータをやりと取りするITシステム）での適応の歴史は、まだまだ短いと言わざるを得ない。マイクロサービスを基幹系のシステムに適用するには、技術的課題があることも否定できない。これまでにもいくつか述べてきたが、ここで、マイクロサービスの技術的課題の主なものを挙げると共に、課題解決の方向性について説明する。

大きな課題としては、「多くのマイクロサービスの監視」「同期処理から非同期処理へ」「システム移行への対応」「システムの標準化など開発体制と開発文化」の4項目がある。

課題1「多くのマイクロサービスの監視」

マイクロサービス化をすることは、モノリスシステムをたくさんのマイクロサービスに分割することになる。これまでは、モノリスシステムを監視していれば、システムの状況を確認することができた。言うなれば、組織のリーダーに状況を確認すればチーム全体の状況を把握できたのである。ところが、独立したたくさんのサービスに分割すると言うことは、当然個々のマイクロサービスの情報を個別に取得する必要がある。ただ、すべてのマイクロサービスを同様に監視することは、非効率であり、いくつかの階層構造を作る必要がある。また、マイクロサービスの重要性・緊急性・影響範囲などを見極めて、優先順位をつけながら常時監視をする技術が必要になってくる。

トラブル発生時の対応もこれまでとは大きく異なる。詳しくは次項で述べるが、非同期処理の組み合わせであるため、連続的にマイクロサービスを稼働していく処理の場合は、トラブル時点から再度起動し、順次マイクロサービスが起動されるような手順を確立する必要がある。ここでいう連続的なマイクロサービスとは、例えば会員登録する際、会員情報である顧客名・住所・電話番号などを別々のマイクロサービスを順番に稼働させるような場合である。ユーザーは複数のデータ項目を1度に入力するが、ITシステム側は、顧客名マイクロサービス、住所マイクロサービス、電話番号マイクロサービスの登録APIに順次アクセスする。この場合、住所マイクロサービスの処理で異常が発生した場合、どのようにして整合性を保つかを設計する必要がある。一例としては、登録APIにアクセスする前に、各マイクロサービスでエラーにならないことを確認する処理方式がある。その上で、各プロセスを監視し、適切なエラー処理を設計し、各マイクロサービスの親に当たる会員登録のマイクロサービスに監視などの機能を実装する必要がある。

たくさんのマイクロサービスで機能を実現するため、問題自体の発生を最小化する設計のほか、トラブル発生時に問題が起きているマイクロサービスを特定して復旧する方法などについて、設計方式を明確にすることが必要となる。

また、マイクロサービスの監視だけでなく、API接続の監視も必要だ。その際、SoE内間API、SoEとSoR間API、SoRと外部エコシステム間APIでは、監視レベルは自ずと異なってくる。トラブル時の設計も自ずと異なったものが必要になる。

DevOpsの導入も必要になり、ITシステムの開発体制と運用体制の役割分担を含めた新たなルールとリリースの安全な自動化を実現できる新たな仕組みの導入が必要になる。

これらはマイクロサービスを活用する場合、必ず発生する課題であるため、対応するためのツール群の整備は着実に進んできている。さらに、障害発生パターン、障害対応パターンなどは、自ずと整理し定型化を行うことが可能となる。現状のウォーターフォールモデルでも、方式設計という工程で、システムの処理パターンを網羅的に整理し、これまで蓄積した処理パターンを最大限活用し、実装してきている。

つまり、実際にマイクロサービス開発を経験すればするほど、技術蓄積が進むことになる。実際の世の中の動向を押さえることで、かなりの処理パターンが既に用意されていると考える。いずれにしても、自ら設計して経験しながら、ツールを活用するのが肝要である。蓄積した技術をどのように社内で展開していくかも非常に重要な観点となる。そういう意味では、DevOpsの導入も含めたマイクロサービスを開発する標準化ルールを合わせて整備することが必要になる。

全社ITシステムアーキテクチャー

全社ITシステムのアーキテクチャーを設計する必要がある。DXアーキテクチャーで説明したように、システム間通信はAPIハブ経由にすることで、システム間の接続状況をAPIハブで一律に監視できる。また、接続ルールなどを整備することで、監視方式の統一あるいはトラブル対応の優先順位あるいはトラブル対処手順のパターン化などが可能になると考えられる。また、大きなレベルのマイクロサービスの監視方式なども、ITシステムのアーキテクチャーに取り込むことも必要である。

ITシステムアーキテクチャーだけでなく、DevOpsを含めた会社全体としてのITシステムの運用、マイクロサービス監視と障害管理、ソフトウエア開発管理を網羅した全社ルールの整備が必要となる。

課題2「同期処理から非同期処理へ」

データベースを分割することで、同期処理を非同期処理に変更することになる。ただ、そもそも人間社会は非同期処理である。ほとんどの人は、あなたの重要な事柄をあなたにとって重要な人にすべては伝えていない。例えば、医者は患者から得たすべての情報を伝える必要は無い。医者はいくつかの病気を想定して複数の検査を実施するが、そのすべてを患者に伝える必要はない。最終的な病名を判断するに至った根拠を説明することだけが重要である。医者にとっては実施したすべての検査が重要だが、患者にとってはそうではない。これは1つの例にすぎないが、人間社会の仕事を進めて行く上で必要な情報（あるいは対価）を得るには、必要な情報を与える相手を確認し、その相手にどのような情報を与えるかを確認し、その上で、必要な情報を相手に渡し、そして、その結果必要な情報を相手からもらうという作業になっている。

ここで重要なのは、必要な情報を持っている相手は、一意に決まることである。さらに、その相手が、与えた情報からどのようにして自分の欲しい情報に変換したかを知る必要は無い。相手に求めるのは、期待される情報を確実に安定的に提供してもらうことである。これは、人間社会では、それぞれの役割を担う人が責任を持ってその役割を果たすことで社会に適応できるのであり、役割を果たさなければ、不適応として社会から見放されるのである。

その前提として、社会としてのルールが整備され、そのルールにのっとって人間は活動することになる。ただ、ルールを守ったとしても、提供された情報の質が悪いと、他の人との取引に変更され、社会からは見放されるのである。マイクロサービスの世界は、このような人間社会での活動に近いように感じる。

人間社会で実現できている仕組みをシステム化するので、ITシステムは基本的に非同期処理が自然だと思う。つまり、同期処理を非同期処理化することは、考え方の変更も含めれば、基本的にどう知恵を出すかの問題と大局的には考えている。

米国の金融機関の例では無いが、必ずしも現在のITシステムのサービスレベルを守る必要は無い。利用料あるいは付加される新たなサービスなど様々なサービスの中で、ITシステムは考える必要がある。一部のITシステムのサービスレベルを下げたとしても、顧客からは全体として満足を得られればいいのである。

結論的に言えば、マイクロサービスの思想は、人間社会の思想と同じく非同期処理であり、同期処理を非同期処理に変更することは、大きな観点では問題が無いと考える。ただ、実際の実現方式には知恵が必要であり、その知恵はITシステムだけでなく、サービス全般を見た上で、知恵を搾り出すことが重要だと考える。そのためにも、具体的な課題に早くぶつかり、対応していくことが重要である。

課題3「システム移行への対応」

既存のITシステムから、新たにマイクロサービス化されたITシステムに、どのように移行するかは非常に大きい問題である。移行といってもITシステムだけでは無く「ITシステム」「データ」「利用する人」の3つの移行が必要になる。これらがスムーズに移行して始めてシステム移行は成功する。これに関しては、現状のシステム移行でも同様な問題があるので、マイクロサービス化に伴う移行の特異性に関してのみ、本書では述べる。なお、システム移行についてもっと詳しく知りたい方は、筆者の前著『プロフェッショナルＰＭの神髄』を参考にしていただければと思う。

マイクロサービスへのシステム移行の一番の問題は、新旧システムでデータの整合性をとることだ。新システム（マイクロサービス化）では旧システムのデータベースをいくつかの項目ごとに分割して管理することになる。従って、旧システムのデータベース項目のすべてをマイクロサービス化するまで、旧システムは稼働する。そのため、新旧システムの間でデータの整合性を図る必要がある。これは当然、ITシステム内で自動的に行う必要がある。

そのためには、新システムを変更する場合、旧システムも同様に変更する、いわゆる二重開発が発生する。二重開発には大きく2つの問題がある。1つは、まったく異なるロジックのシステム変更のため、更新タイミングが異なるなどの新旧データ項目が一致しない場合があることだ。当然バグも一方に発生する可能性がある。このような場合の対応についてケースごとの対応方法を整理する必要がある。もう1つは、せっかくマイクロサービス化しても旧システムの開発スピードに合わせる必要があり、すべてのデータ項目が移管されない限り、マイクロサービス化の効果を享受できないことだ。さらに、2重開発のコストがかかる。

システム移行の正攻法は、地道にマイクロサービスを開発し、新旧システムを両方変更し同期をとりながら、データベース全項目を移行した時点で、旧ITシステムを止める方法である。もちろん、データベース単位にマイクロサービス化し、一度に移行する方式も検討すべきである。また、事前に既存のデータベースをある程度分割したITシステムにしたうえで、データベース単位に移行する方式もあると思う。いずれにしても、対象システムの特異性を踏まえた上で、いくつかの方法を使い分けて移行することが重要だと考える。

また、新システムから旧システムに移行したデータ項目を、強制的に新システムの項目に置き換える方式も有力な方法だと考えられる。前述した米国企業で実施していた方法で、その企業ではクラウド化せずに、自社のプライベートクラウドで新システムを実装していた。というのも、強制データ置き換えを行う場合、距離の離れたクラウド環境から自社システムに連携するとレイテンシーが発生し、同期がとりづらいからだ。また、前述したトラブル対応も、自社内のほうが対応しやすいという理由を挙げていた。

米国では様々な企業が挑戦している。我々も知恵を絞り、他社の事例も含め最適な方法を考える必要がある。米国の大手金融機関のように、契約そのものを移行するような、システム移行を伴わない方式は極めて有効な手段と考えられる。この方法は、巨大な既存ITシステムをすべて作り変える非常にリスクのある挑戦を軽減できるメリットもある。ITシステム全体を見直す際の有力な選択肢として、検討するに値すると考える。

いずれにしても、システム全体を押さえた上で、各機能システム単位にシステム的に切り換える、あるいは、業務的考慮により切り換えるなどを整理して、移行計画を作る必要がある。

課題4「システムの標準化など開発体制と開発文化」

マイクロサービス化では、これまでのウォーターフォールモデルとはまったく異なったチーム構成と権限になると想定される。各チームが独立して開発リリースを行う形になる。当然、システム運用部隊とも役割分担が異なる。事業部門と一体となったチームになるため、IT部門の技術者が、各事業部門のチームに配属される。その上で、システム基盤あるいはITシステムのアーキテクチャーを守るためには、IT部門と各事業部門の役割も大きく見直す必要がある。「どこの事業部門に優先的にIT技術者を配属させるか」など、部門横断で判断する仕組みも必要になる。

ソフトウエア開発でも、全社標準ルール、マイクロサービスの活用基盤、共通的な各種効率化策の推進ルールなど、様々な検討を行っていく必要がある。

これに関しては、先行事例を学んで必要な情報を仕入れ、実際のマイクロサービスの開発を進めながら、身の丈にあったルール整備を着実に行っていくことが必要だと考える。その中で、会社全体として取り組まなければならない事項を随時明確にしつつ、方向性と中身をトップに判断を仰ぐ仕組みは当初から整えておく必要がある。

いずれにしても、具体的な事例を積み重ね、ルールを適切に改訂し続けることが重要だと考える。

見積もり

これまでのITシステム開発の見積もりは、開発するシステムの規模を特定し、その規模と生産性と難易度から見積もりを行ってきた。そのため、システム規模を測定することが非常に重要であった。規模を測定する方法としては、プログラムのステップ数を積み上げ全体として開発する総ステップを計測する方法と、画面数あるいはデータの入出力などの機能を数値化するファンクションポイント法が主流であった。

マイクロサービスの場合、いくつかのサービスをそのまま活用する（テストも不要）ため、実際に開発する部分は、新たに追加する機能に限定される。ファンクションポイント法は、テストの不要な部分の機能もファンクションポイントとして計上するため、マイクロサービスの見積もり手法としては不適格となる。また、同じ理由で、総ステップ数を出してもあまり意味が無いことになる。

米国の企業にマイクロサービスの規模について尋ねると、異口同音に「テストケース数」という答えが返ってきた。確かに、新たなマイクロサービスを開発する場合、追加された論理パターンの数（テストケース）が実際に必要な開発量やテスト量と強い相関を持つことは想像に難くない。ただ、事前にテストケースを見積もるのは、どの程度部品を活用するか想定が難しいので困難だと思われる。

従って、SoEのように機能の変更・追加が激しく行われるソフトウエア開発では、受託契約の前提である見積もりそのものが難しくなると考えられる。日本ではこれまでユーザー企業とITベンダー間の契約は受託契約であったため、抜本的な見直しが必要になる。ITベンダーはビジネスモデルの再構築が必要になる。さらに、生産性あるいはシステム規模の把握方法など、様々な指標が大きく変わることになるので、ITベンダーとしての様々な数値の蓄積方法も抜本的に見直す必要がある。

品質保証

品質保証に関しても大きく変わっていく。前述したように、ホワイトテスト中心になり、テスト自体の自動化が進む。自動化を進めやすい理由は、マイクロサービスの場合、入力と出力がAPIになるため、テストケースが非常に単純になるからだ。さらに、マイクロサービスに隠蔽されているデータ項目も限定的で、入力APIに対して、出力のAPIと更新されたデータ項目を記述すれば、簡単にテストケースとテスト結果を記述することができる。つまり、プログラム開発時にテストケースとテスト結果を同時に作成し、プログラムと同様にテストケースを管理することになる。プログラムを修正する都度、テストケースの修正を行うことになる。これは、プログラム工程が終了すると必然的にテストケースも作成が終了し、自動テストを可能とすることになる。そういう意味では、開発業務のプロセスが大きく変わることになるので開発プロセスそのものの見直しが必要になる。

連結テスト・総合テストは基本的に実施しないケースも多々あるため、そうなると、プログラム作成者が何らかの勘違いでプログラムを開発しても第三者のチェックが入らないことになる。プログラム作成者は正しい処理と認識しているが、実際には、間違った処理をするプログラムがリリースされることになる。これを防ぐには、ペアプログラミングを行い、違った人の作成した同一機能のプログラムと比較して中身の妥当性を確認する必要がある。このペアプログラミングも、開発するマイクロサービスの特性に応じてやり方を変える必要がある。極めてクリティカルなマイクロサービスであれば、3人のペアプログラミングという方法もあるかもしれない。ベテラン同士の組み合わせ、新人とベテランの組み合わせなど、品質の保証方式が大きく変わることになる。

いずれにしても、マイクロサービスを前提とした場合、各工程の作業内容やアウトプット、あるいは品質保証方法は大きく変わる。マイクロサービス単位にどういう開発プロセスに分解され、成果物として何を管理していくかを丁寧に定義していくことが必要になる。ある意味、アジャイル開発ではあるが、基幹系は、異なる人が何人も担当となり、長い間保守をし続ける必要がある。必要な情報は当然のことながら整備し維持していく仕組みを持つ必要がある。このあたりについては、逆にウォーターフォールモデルの経験者に1日の長があると思う。

4-4 ITガバナンスのあるべき姿

筆者はこれまで数々の企業でシステム開発をお手伝いしてきたが、前述したように、そのほとんどの企業には、全体システム構成図が無かった。もちろん、個々のシステム構成図はある。これを日本地図にたとえるなら、日本全体の地図は存在せず、近畿地方の地図や山口県の地図など、粒度もバラバラな状態で多分ダブりはあるけど、日本の要素を網羅した地図がある状態と考えるとわかりやすい。

日本国総理大臣が、例えば東日本大震災のような広域災害が発生した場合、全体の日本地図を持たずに影響範囲を把握できるだろうか。できるわけがない。

古事記では日本の定義がされている。大八州（おおやつしま）という8つの島が基本で、それは、本州、四国、九州、淡路島、佐渡島、隠岐の島、壱岐島、対馬である。北海道と沖縄は、当時日本で無かったのである。それはさておき、おもしろいのは、日本海側の島々がきちんと入っていることだ（淡路島は国生みをした、イザナギ神、イザナミ神が下った特別な場所であるので除外できる）。これは、中国など海外の国を意識した日本国の範囲を宣言したものと思える。8世紀前半、既に日本政府は、海外を意識した上で、日本国全体をきっちりと定義しているのである。

崩壊しているITガバナンス

ここで言いたいことは、前述したように、全体システム構成図が無いということは、既にITガバナンスは存在していないことである。現在のITシステムは、既存の事業部門にひも付けられた機能システム単位に分断されて管理されている。それはつまり、企業は各部門に分断して業務を推進し、そのため、ITシステムを各部門で運営しているのである。

この状況は、全体システム構成図を眺めて会社全体のITシステムを最適化し、ITを武器に会社の経営を変えていこうとする人がいないことを示している。その責任を負うのはCIOだと言うCEOの声が聞こえてくるが、「本当にそうですか」と言いたくなる。

全社最適を行うには、全社の部門を調整する権限が必要になるが、そうした権限はCIOに与えられているだろうか。おそらく、そんな権限を与えられているのは、ほんの一部の企業だけであろう。多くの企業では、全社の部門を調整する権限はCEOが握っている。すなわち、会社全体のITシステムの最適化を図るには、CEOが責任者として活動する必要がある。その活動をするには、必ず全体システム構成図が必要になる。

いずれにしても、全社のITガバナンスは既に崩壊していると認識したほうがよい。全社最適を責務とする人がいないだけでなく、既存のITシステムが巨大化したため、すべてを統制して管理する今までのガバナンスの考え方に無理が生じているからだ。

新しいITガバナンス

経営がすべてのシステムの状況を常に知る必要はない。経営が知るべきITシステムの状況に限定し、各部門、各部のそれぞれの階層で判断すべき構造に変える必要がある。さらに、実際の情報は、各部門で管理されるべきであり、必要な情報を上位に共有することが基本である。

経営が把握すべき個別のITシステムが存在することが問題なのだと思う。マイクロサービス化により、経営がリスクを感じるようなプロジェクトを無くすことが実は重要だと考える。もちろん、部門・部などの既存組織での管理も不要にしていくべきと考える。最終的には、マイクロサービス単位のチームが責任を持って独立して活動できる形が必要と考える。

ただ、それには、会社としてのルールと、各チームをモニタリングする仕組みが必要になる。すなわち、独裁主義的なガバナンスではなく、法治主義的なガバナンスに変えていくということだ。経営は、各マイクロサービスのチームを信頼し、そのチームの自主性を尊重し（基本的人権）、適切なモニタリングとセーフティネットを構築し、新たなガバナンスを確立させる必要がある。すなわち、ルールを正しく守り、責任を持って独立してマイクロサービスを提供するチームの集合体にしていくことが、新たなITガバナンスになるのではないかと思う。筆者はこれを「システム開発の民主化」と呼んでいる。

このガバナンスでは、ルールを守っているかどうかを適切に監視し、ルール違反などが発生した場合は、その組織に対して適切に処置する権限を持つ組織が必要となる。さらに優れたマイクロサービスが社内に誕生した場合は、既存のマイクロサービスが消滅するといった、市場原理のある適切な競争を生み出す仕組みが必要になる。

会社としてのルールの整備と最適化を行う権限を持つ全社組織を作り、各現場の有識者の知恵を生かしたルールの作成と最適化できる仕組みを組み込み、自分たちでルールを作り自分たちで守るという民主的な運営が必要になってくると思う。

いずれにしても、企業としてITをどういう形で戦略的に全体最適を図りながら進化させ運営していく方針を決定するのは、CEOの責任である。ただ、いきなりCEOができるわけでもないので、CIOと事業部門の責任者との議論を重ね、方向性を打ち出す必要がある。Amazon.comなどの最先端企業の経営方針などを参考にすることも必要だと思う。その上で、適切な権限をCIOに与え、いい意味でのCEOとCIOの緊張関係を築いて、会社にとっての最適化を意識したマネジメントが必要である。

全社で合意した方針の下、各チームが与えられたミッションを基に全社のルールを守り、自己責任で自主的に創造的な活動を行える。そんな環境を作っていくことが、新たなITガバナンスとして求められると筆者は考える。

第5章

日本のITシステムの大変革と企業の盛衰

5

IT活用は、企業経営の競争力の根幹であることは間違いない。特にDX時代は、「ソフトウエア」のビジネスへの適応がポイントになる。ITの基本知識がCEOに求められるのは当然のことだが、必ずしもITの深い知識が求められるわけではない。CEOには、担当するマーケットの様々な知識・スキル、自社が持つ商品の強みと弱み、強いリーダーシップ、マネジメント能力など、様々な重要な能力が必要になる。

そういったことを踏まえ、CEOのみならず、チーム経営として取り組むことが必要である。その中で、それぞれの役割と責任を明確にしながら、最終的な判断をCEOが下すことになる。本章では、チーム経営として取り組まなければならない課題の中で、優先順位が高いものについて述べる。

また、DXを支える側のITベンダーには、一般の企業に求められる対応とは別に、顧客である日本企業を支える義務がある。DX化を進めていくことは、結局既存のITベンダーのビジネスモデルそのものを破壊していくことにつながる。しかし、ITベンダーの本質は、IT技術を通して、日本企業あるいは世界の企業を支えることであり、その本質を見失ったITベンダーは滅ぶだろう。本質に誠実に向き合うITベンダーと、新たなITベンダーが大きなチャンスを得ることができる。そういった意味でITベンダーの経営に求められるものも非常に重要と考える。これについても本章にて記述する。

5-1 企業の盛衰を左右する経営者に求められる役割

「DXに対応した新たなビジネスモデルの構築」と、「DXを支える既存ITシステムの再構築」。この2つを実行していくことが、今の日本の企業経営者に求められている。「新たなビジネスモデル」に関しては、企業ごとに異なり、企業経営者は筆者以上の答えを持っているはずである。その答えをどう引き出すかの問題であり、本書では、技術者として筆者から見た視点を中心に述べることにする。「既存ITシステムの再構築」に関しては、より詳細に解説する。

新たなビジネスモデルの構築において、経営として行うべきことは「(1) 現状を認識する」「(2) 新たな経営ビジョンを明確にする」「(3) 組織を変革する」の3つを実行することである。順番に説明しよう。

(1) 現状を認識する

まずは、「現状を認識する」について説明しよう。経営に活用できるIT技術は既にあり、実用できるレベルに達していると思う。ここでいうIT技術とは「ソフトウエア」である。本書で何度も紹介したマイクロサービスは、基本の理論としては1980年代のオブジェクト指向分析手法である。ハードウエアのすさまじい進歩のおかげで、ハードウエアの呪縛から「ソフトウエア」は解き放たれた。理論上可能で物理的に不可能だったことが、次々と可能になった。例えば、これまでの何度かのAIブームをブームとして終わらせた最大の理由は、圧倒的なコンピュータパワーの不足だったと思う。画像認識技術を現実に適応できるレベルに引き上げたのは、膨大な量のデータを圧倒的なスピードで処理できるハードウエアである。いずれにしても、活用すべきIT技術は、将来開発されるIT技術を含めて現状でかなり見えてきている。逆に言えば、現状想定できるIT技術を駆使できれば、新たなDXを生み出すことができる。具体的なIT技術を洗い上げ、そのIT技術で自らのビジネスにどう影響するかイメージすることが重要である。

前述したように、既にDXは始まっていると言える。経営がやるべきことは、自社が事業展開しているマーケットにおいて、DXの状況を確認することだ。同規模の他社を見るだけでなく、新たな小規模事業参入者・他規模の同業者の活動も含めて、今一度冷静に確認する必要がある。

他社がDXを実践していることが確認できたら、その企業を注意深く観察しなければならない。自社との違いはどこにあるのか、本来なら自社が手掛けるべきなのに実践できていない領域はないかなどを必死に探すことが必要だ。人が成長するには、「無自覚な無能」な領域を認識すること、すなわち「自覚せる無能」状態になることが第1歩である。自己肯定では、成長は生まれない。「自責化マインド」（自分が何か他の事をしていれば成功したはずだと常に問いかける心持ち）があって始めて人は成長するのである。企業も同じである。

さらに、他業界から自社のマーケットに参入する企業を想定し、どういう強みを彼らが持って、どのように参入してくるかを想定することも重要だ。例えば、GAFAが参入してきた場合、どうなるかと想像するのである。

そうした上で、DXが進む中で、自社の強みを今一度、見直してみる必要がある。多くの破壊者は、環境変化、すなわち、デジタル化の中で、既存事業者の強みが弱みに変わることを、最大の攻撃ポイントとして攻めてくる。既存企業は、前の環境での成功体験を引きずるため、本来対応すべきことを怠り、実は十分対応できる時間を持っていたにもかかわらず、結果的に時間を無駄にすることで、滅びの道へ進むことになる。

このときの１つのキーワードは「顧客」だ。なぜなら、企業が破滅するということは、その企業は「顧客」からの支持を失ったということだからだ。「顧客」をないがしろにした企業は自滅する。破滅の原因を「破壊者」に向けがちだが、彼らは単に「顧客」により良いサービスを提供した善良者であり、破滅した企業にこそ原因があったのではないかと思っている。

野村證券の創業者である野村徳七の書に「争義不争利」という言葉がある。「利を争わず、義を争え」ということである。「どんな世の中であっても、原理原則である大義を忘れることなかれ」という精神が、野村證券という企業を支えてきたと思うし、野村総合研究所もそうだと思っている。

そのことを確信したのは、かつて確定拠出年金の記録管理会社の設立に関わったころの話である。当時、野村證券に出向し、記録管理会社の設立方針およびITシステムがどうあるべきかを、野村證券の先輩・後輩と議論したときのキーワードが「大義」であった。先輩は山口財申さんであり、後輩は和泉哲郎くんであった（彼らとは今でも時々戦友会と称し飲んでいる）。特に、山口さんは「それの大義は何か？」と繰り返し、問い続けていた。確定拠出年金ビジネスは、巨大な装置産業であり、単独での設立ではビジネスが成り立たず、多くの金融機関の参加者を求めていた。特にコストの中心となるITシステムの出来が重要なポイントであり、まさにビジネスモデルにITシステムが組み込まれていた。当時からインターネットを本格的に活用しており、DXの枠組みの最も古い例になるように思う。事業側・法制度・業務・ITシステムの合同チームで、議論を一体となって進めたのであった。

その時の「大義」は、「商品を提供する金融機関の利益より、利用する企業・従業員の立場を常に優先すること」であった。結果的に多くの金融機関の賛同を得ることで会社を設立できたことを今も思い出す。

確定拠出年金制度は、日本に初めての制度であり、参考にすべき先進国である米国とはあまりに前提条件が違った。その中で、常に「大義」を意識しつつ、ITシステム活用する前提で、新たなビジネスモデルを作り上げた。それ以降、「大義は何かを自問自答するのがビジネスの一番の基本」だと思って過ごしてきた。それが、筆者が大過なく過ごせた大きな理由だと思う。世の中が変わろうが、ビジネスの原理原則は不変だと思う。

これらの話から、DXの課題が浮き彫りになるのではないだろうか。議論の中心となるのはCEOの役割であり、CIOや事業部門の役員は、それぞれの立場で「顧客」目線を共有しながら積極的に議論し、各メンバーが同じ課題認識を持つことが重要だと思う。自社にとって何が課題かを明確にし、チーム経営として、対応の優先順位を含め共通認識を組織として持つことが重要だと考える。

(2) 新たな経営ビジョンを明確にする

次は、「新たな経営ビジョンを明確にする」である。これは「(1)現状を認識する」の中で十分に議論され、整理され、明確になっていれば、自ずとイメージできると思う。従って、まず、どういう企業に変革していくかのイメージを、「to be」として明確にすることが重要である。

イメージを固めていく過程で、これまで整理した課題の中から、絶対に必要な条件（絶対条件）を明確にする。例えば、「想定するコンペティターに勝てるのか」「実現できるIT技術なのか」などだ。さらに、「コストの有利性」や「追加サービスの容易性」などの優劣条件を明確にする。「顧客」というポジションから絶対条件や優劣条件を検証することで、必要で十分な条件を導き出すことが可能となり、明確な「to be」を描くことができる。

その後で、自社が「to be」を実行していく上での課題を明確にする。当然、組織あるいは評価制度も含む人事制度など、企業の根幹に関わる課題を明確化することになる。場合によっては、CEO自身の適性を考える必要もあると思う。これらをチーム経営で議論し、必要に応じて現場のメンバーも交えながら、新たな経営ビジョンと「to be」をCEOが示していく必要がある。

(3) 組織を変革する

最後は「組織を変革する」である。

ちょっと話は変わるが、Microsoft社の変貌ぶりは、目を見張るものがある。3年くらい前、Microsoftのシアトル本社に訪問したことがある。当時、同社はクラウドサービス「Azure」を打ち出し、AWSなどとの戦いに乗り出していたが、説明する人員に覇気が無い。AWSに勝てると思っていないように感じた。

その時、筆者は少し意地悪な質問をした。「Windowsを売るのがそもそものビジネスモデルですよね。言わば物売りビジネスです。でも、クラウドサービスは時間売りです。5年償却と仮定すると、今年の売り上げは5分の1。それが数年続くことになるのでしょうが、これまでの御社の売り上げノルマを短期的には果たせなくなるのではないですか？」との問いに対して、「正直そう思います。Azureを売るインセンティブが営業にはないのです」と思わず日本人スタッフが漏らしたのである。

その時、「これはダメだ」と思ったが、それは間違いであった。その1年後に訪問した時、あまりの変わりように驚きを隠せなかった。まず、アポ取りから雰囲気が違っていた。シアトル本社に訪問をしようとアポを取ろうとしたのだが、「7月に大きな組織変更があるため、窓口が確定しないので待ってほしい」とのことだった。イライラしながらアクセスを続けていると、これまで窓口となってくれた人が皆辞めてしまった。つてがなくなってしまったが、それでも何とか新たな窓口の役員と会い、シアトル本社に出向いた。

その年の対応は前年とまったく異なり、クラウドサービスであるAzureを必死に売り込む気力に満ちあふれていた。Azureが本当に優れた商品であるという思いが伝わってきた。この違いを新たな窓口となってくれた役員に根掘り葉掘り聞いたところ、「なるほど」と思った。MicrosoftのCEOであるサティア・ナデラが、自社をリストラしたのである。組織も営業の評価も変え、一部財務計上の仕方は過去にさかのぼって改めたという。多くの社員がこの改革で会社を去ることになった。大きな痛みを伴いながら、あの巨大企業は息を吹き返した。様々な方針も変わった。Windowsをかたくなに守り、オープンな世界と戦っていたMicrosoftが、いきなり「わが社は世界で最もオープンな会社だ」と言い放つぐらい変わったのである。その結果、Azureの伸び率はAWSを超え、大きく成長している。

ここで言いたいのは、「Microsoftのような超巨大企業でも変わることはできる」「過去にとてつもない成功体験を持っていても、変われないという理由はない」ということだ。変われない理由を見つける暇があるなら、CEO自ら前に進む勇気と知性に期待したい。

本題に戻すと、新たなビジョンと「to be」を実施するためには何が課題であるかは既に整理されている。あとは、優先順位を明確にし、新たなビジョンを実施するための具体的な解決策を策定し、計画に落とすことだ。これは、大きな痛みを伴う決断であり、CEOの真価が問われることになると思う。さらに、それを進める体制に関して、ビルゲイツのような決断も含め考えていくことが重要なのではないだろうか（ビルゲイツに聞いたわけでは無いが、サティアに委託したのは、彼だと思うからである）。

DXを推進するには、どうしても社内のIT技術者の育成が必要になる。これまでのように、ITベンダー中心の開発は難しい。なぜなら、要件がころころ変わるので、前述したようにITベンダーの役割を明確にした契約は事実上無理だからだ。そのため、SoEに関しての製造責任は、顧客サイドが持つしかない。従って、責任が取れる開発体制を企業側で整える必要がある。ITベンダーはあくまで技術サポートという形での責任範囲にとどまることになる。IT技術者の体制を社内で整えるには、前述したが、現実的には、SoRの社内IT技術者のSoEへの配置換えになる。必要に応じて、新たな人材の採用を進めて行くしか方法は無いと考えられる。これをどうやって進めるかを策定するのが重要である。

既存ITシステムの再構築

「新たなビジネスモデルの構築」については以上とし、次に、「既存ITシステムの再構築」において、経営に求められることを改めて整理する。現状の既存ITシステムを経営サイドから見ると、大きく3つの問題があったと整理してきた。

1つめは、前述したように、既存ITシステムがDX推進の障害になっていることである。DXを実現しようと思っても、既存ITシステムでは対応できない、様々な環境変化に既存ITシステムがスピーディに対応できない、既存ITシステムが保有するデータをうまく活用できない、データ鮮度が古く活用できない、といった問題がある。

2つめは、そもそも既存ITシステムを維持するだけでも巨額なコストがかかり、新たな投資に制限がかかる。また、新たな対応をする場合も、既存ITシステムにかかるコストのほうが大きい。いわゆるITコストの問題である。

3つめは、ITシステムのリスクの問題である。例えば、様々なITシステムがネットワークにつながり、ITシステムのトラブルが重大な経営問題に直結する度合いが高くなるというリスクがある。また、既存ITシステムの信頼性を社会の求めに応じて高めることができるのか、個人情報など既存ITシステムが開発された後に制定された規制に対し、的確に対応できているのか、個人情報漏洩の社会的制裁・規制は今後さらに厳しくなることが想定される中、既存ITシステムの対応は十分なのかなどのリスクが存在する。さらに、クラウドベンダーの成長にあたり、現在各企業が当たり前として利用しているシステム基盤そのものものにもリスクがあることは前述した通りである。様々なリスクが増大する中で、既存ITシステムを現状のまま維持すること自体が非常に大きなリスクになると考える。

以上のことから、既存ITシステムの改革無しにＤＸはあり得ない。もっと言えば、企業として存在し続けるためにも、既存ITシステムの改革は避けることができないという認識を持つことである。

まずは、CEOが、既存ITシステムの改革を宣言することから始まる。そのためには、CEOは、自社の既存ITシステムの見える化を実施し、まず、何が既存ITシステムの課題になっているのかを客観的に認識することが必要である。

国も「見える化」を推進すべく、第1弾として、ガイドラインと「見える化」すべき項目を2019年夏に公開する予定である。今後も随時、「見える化」の指標が公開されると思う。

見える化をする場合、自社内だけで進めるのではなく、ITベンダーなど専門家を交えた客観的な分析が必要になる。その場合、ユーザー企業のCEOがITベンダーの経営に対して直接問題意識を伝え、問題解決を行うパートナーとして参画してもらうことを宣言する。当然、ITベンダーとは継続的な会話の場を設け、CEO自ら情報を得ていくことが必要である。また、CIOもCEOと目標を共有しながら、実際の責任者として関わる必要がある。

その上で、既存ITシステムを仕分けることが必要である。既存ITシステムは、当然SoRが中心となる（SoE部分もあるが、DXのあるべき姿を整理する中で主として議論されると考える）。SoRの仕分けは「再構築」と「放置」「廃棄」に分類する。リスクを小さくするには、できるだけ「放置」に分類しないことだ。維持コスト、前提となるIT技術の継続性、放置することによるリスクなどを十分に見極めた上で分類する。また、ITシステムの活用状況から判断し、できるだけ「廃棄」する必要がある。「断捨離」である。

「再構築」は、「競争領域」と「非競争領域」で異なる。前者は各企業が独自に再構築するが、後者は業界内で共通化するなどの議論が必要である。

「顧客」から見たとき、同じ業界のITシステムであれば入力と出力に大きな差があるわけではない。特にSoR部分に差があるとは思えない。確かに、生産性が高いということが場合によってはあるかもしれないが、全体としてのITシステムの最適化を優先したほうがはるかに効果的だ。一部の意見に惑わされることなく、常に全体最適で議論することが重要である（総論賛成各論反対では、改革は進まない）。

非競争領域は、業界を超えて積極的にITシステムを共有する。財務会計など、いくつかのエコシステムは既に存在している。

業界内での共通化は最も難しい部分ではあるが、誰かが音頭を取らないと進まない。また、音頭を取ったところが、比較的都合の良い進め方をできるようになるのである。CEOの奮闘を期待する。

非競争領域の共通化に併せて、自社の業務と組織を見直すことが必要になる。ただ、そこで働く人たちは組織を守ろうとするし、自分の仕事の仕方を変えることに強く抵抗するものである。しかし、必ず実現しなければならない。企業が合併したときのことを考えてほしい。合併される側は、ほぼ強制的に相手の業務に合わせることになる。短期的に業務効率は低下するだろうが、企業合併による業務変更に伴い、生産性が会社全体として低下したという話は聞いたことがない。企業合併によるITコストの低減のほうがはるかに効果的である。CEOは、現場の反対を押し切る勇気を持ち、自社のため不退転で業務変更に取り組む必要がある。

実際、経産省が2018年12月に公開したDXのガイドラインにも「非競争領域」の記載があり、今後の大きな論点になってくると思う。また、米国では、エコシステムの活用が急速に進んでおり、非競争領域の標準化とアウトソースが進んでいる。

次に、実際の再構築計画を策定する。これに関しては、CIOを中心にペアを組むITベンダーと共に、SoEも含めた全体のシステムアーキテクチャーを定めた上で、SoRの分類整理に従って、計画を策定する。

この計画を作るには、前述したが高い技術が必要になる。超巨大なITシステムの計画を作る技術、既存ITシステムの機能を分析する技術、新たな全体のシステムアーキテクチャーの策定、マイクロサービスを中心とする新たな開発技術の習得が必要になる。これらをユーザー企業単独で進めるのは極めて困難である。信頼にたるITベンダーと、経営トップレベルでのコミットメントと共同作業が必要になってくる。この企業間の関係は、企業とメインバンクの関係に匹敵すると思う。経営にとって、資本と同程度にIT技術の活用は重要な位置づけになると考えるからである。

5-2 ITベンダーの企業経営に求められるもの

ITベンダーの経営に関して、長年所属してきた筆者自身の反省も込め、また、ここ数年業界活動を行ってきた経験も踏まえ、説明したいと思う。

ITベンダーとひと口でいっても企業規模は大きく異なり、その規模を基本に各社の仕事は階層構造をなしている。顧客から直接契約を受注する大手を中止とした「元請け」、元請けの一部業務を受託する中堅企業を代表する「2次請け」、そして、2次請けの仕事をさらに分解し、派遣事業を中心とした仕事を担当する中小企業の「3次請け」という構造を持っている。

いわゆる多重請負契約である。元請けは、ユーザー企業との間でシステム全体の請負責任を負う。2次請けは、部分的な請負責任を元請け企業に対して負う。3次請けは派遣契約が主体となるため、3次請けの成果物の品質責任と期間超過の支払い責任を2次請けが負う。3次請けは、派遣契約が中心となるため、比較的に長期的な契約は難しく、好不況の影響を受けやすいリスクを負うことになる。

このような複雑な構造を持つ業界であるが、ユーザー企業から見えるのはあくまでもも元請け企業なので、以降は元請け企業をITベンダーとして記述する。2次請け・3次請け企業も元請け企業の方向性を理解すれば、自ずと自らの方向性を理解できると思う。

ITベンダーのビジネスモデルについて考えてみよう。大きく4つの領域がある。「(1) SI事業」「(2) 維持保守事業」「(3) システム運用アウトソース事業」「(4) ITサービス事業」である。

まずは、(1) SI事業のビジネスモデルである。これは、新たなITシステムを顧客から受注する場合のビジネスモデルである。わかりやすく言えば、受注金額よりコストが下回れば黒字であり、逆であれば赤字になる。想定した開発規模を上回らない範囲で顧客の要件をコントロールし、顧客要件の変更を最小限に抑えると共に、各工程をスケジュール通りに進めるべく、プロジェクトをマネジメントする技術が求められる。さらに、設計開発に関しては、難易度を調整し、2次請け以降の技術者を最大限活用し、売値とのかい離を作り出し、外部技術者を多く活用することで利益を享受できるようにする。つまり、前述したが、ITベンダーは、「高いプロジェクトマネジメント技術」と「適切な価格のIT技術者が多く参加して品質高く生産できる方法論」「より適切な価格の外部の優秀なIT技術者を動員する力」を持っていることになる。

本書で説明してきた新たな開発の方向性と比較することで、SI事業のビジネスモデルが今後も成り立つか考えてみよう。まず、部品化を進めるということは、作る量を減らすことに直結する。すなわち、外部のIT技術者を大量に活用するというモデルは成り立たなくなる。さらに、要件変更を最小限にコントロールできないプロジェクトが多くなり、そもそも受託契約が破綻することは既に述べた。

また、SI事業の場合、サーバーなどの機器も同時に納入することにより利益を上げることもできたが、クラウド化の中でそのような利益も無くなっていく方向である。

結論的に言えば、SoRでの従来型SI事業のビジネスモデルは、間違いなく縮小していく事業と考えられる。ただし、SoE部分においては、開発すべき部位は無限に存在すると思われる。従って、SoE部分に適応できる新たなソフトウエア開発のビジネスモデルを構築する必要があると思う。ここは、各社で知恵を絞るべき最大のポイントで、キーワードは「ソフトウエア開発のサービス化」ではないかと考えている。

次は、(2) 維持保守事業である。これは、何度か出てきたランザビジネスの8割に相当する部分である。ITベンダーからすると、現状を維持すれば必ず収入が得られる。ITベンダーに長くいる筆者は、これまでは「維持保守を着実に獲得していくことが安定的なビジネスにつながる」と考えて活動してきた。たくさんの維持保守を持ち、誠実に活動し、顧客の信頼を得ることが、結果的に新たなSI事業を呼び込む最大の営業につながるとも考えてきた。しかし、ユーザー企業はDXに邁進するためにも、維持保守部分のコストを大幅に削減しようとする。そのため、ITベンダーは安定的な収入構造がなくなる。ただ、顧客優先を考えると、その方向にITベンダーが協力する道しかないと考える。

3つめは、(3) システム運用アウトソース事業である。大手クラウドベンダーと単独で競争して勝てるところは、残念ながら、日本のITベンダーには存在しないだろう。日本のITベンダーの存在意義は、複数クラウドベンダーを活用する、いわゆるマルチクラウドの運用くらいかもしれない。現在のSoRを中心としたシステム運用のアウトソースビジネスは、着実に縮小するのが世の流れと思う。この点に関しては、「Japan Cloud」を立ち上げるスキームをぜひ検討していただきたいものである。

最後は (4) ITサービス事業である。筆者は、この分野こそ最も注力すべきビジネスモデルであると考える。SI事業でも述べた「ソフトウエア開発のサービス化」もそうである。

「SoRの非競争領域は業界で共通化が必要だ」という話をしたが、その事業をITベンダーがサービス化を前提に取り組むというのが1つの大きな解決策になるように思う。その際、大きな機能を独占するよりは、いくつかの機能に分離して、サービス化を行うほうが現実的である。いずれにしても、それぞれのITベンダーが得意なビジネス領域で、SoRのサービス化への挑戦が必要だと思う。これは、ユーザー企業におけるSoRのIT人材の解放につながる活動にもなる。ITベンダーとしても、SoEでのユーザー企業の開発体制強化は、ぜひ実現してもらわなければならない事項である。ITベンダーは、ITサービス化を進めていかねばならない責任があると考える。

同時に、ITベンダーのIT技術者のスキルシフトも課題であり、その課題を解決するには、開発を経験する場を作ることが最も大切である。そのためにもSoRの再構築をスキルシフトの場に活用する必要がある。

これまで述べたように、ITベンダー自身にDXの波が押し寄せてきている。これまでのビジネスモデルだけでは通用しなくなるのは明らかである。乗り切るには、第1にどういう新たなビジネスモデルが必要かをITベンダーの経営として考える必要がある。

前項でも述べたが、ユーザー企業はITベンダーに対して、これまでのような下請け取引先から脱却することを求める。経営トップ同士の強いパートナーシップが求められるのである。パートナーとして、どのような役割をどのような契約で進めることがお互いのメリットになるか真剣な議論が必要となる。顧客を守るという観点で、技術的課題にどう立ち向かうべきかを早急に取り組む必要がある。

技術的課題に関しては、業界で共通に取り組むことができる課題も数多く存在する。業界内での早急な取り組みが必要だと考える。また、業界団体あるいは国の関連組織などを有効に活用して進めることが肝要ではないかと思う。

新たなソフトウエア開発技術を身につけた開発人材にスキルシフトの必要性は前項で述べた。しかし、このソフトウエア開発技術は、業界共通、もっといえば、ユーザー企業に所属するIT技術者にも共通のスキルということが言える。これに関しても、上記と同様なスキームで進めていくことが求められているのではないかと思う。

ITベンダーにも技術的負債を見逃してきたという責任があると思う。また、IT技術者の7割がITベンダー側にいることを考えたとき、ITベンダーの実質的な責任は極めて重いと言わざるを得ない。ITベンダーの経営は、「大義」を今一度見つめ直し、顧客の問題と逃げることなく、わがこととして茨の道をあえて進んでほしい。来るべき素晴らしい世界を夢見て。

あとがき

私は2019年6月を持って、野村総合研究所を定年退職する。短いようで長い37年余りをIT技術者として過ごしてきた。既存のITシステムを作り続けた私にとって、現状の問題は、まさに自分の問題である。

入社当初、プログラマー30歳定年説が世の中を席巻し、IT業界に入ることを真剣に止めてくれた良き先輩も、現在のこの状況は想定できなかったであろう。私は、当社合併前の野村コンピュータシステム（NCC）入社した。当時の社員は500人ちょっとであった。それがいまや、グローバルで1万人を超える企業に成長した。人員は20倍。売り上げはおそらく50倍以上ではないかと思う。

私が長年携わった「ソフトウエア開発」は、ハードウエア業界の各社の後塵を拝しながら、少しずつ力をつけて、何とか、戦うことが多少はできるレベルに来たのかなと思う。そして、ようやく、「ハードウエアの時代」から「ソフトウエアの時代」になってきた。「やっと我々の時代になった」と小躍りしたい気分である。個人的には、恵まれたIT技術者人生を過ごしてきたと思うし、いつも感謝している。

「ソフトウエアの時代」になると、その特性から、競争相手は確実に世界に広がる。かつてはハードウエアベンダー各社に大きな力の差を感じていたが、現在、世界を見渡したときの力の差はさらに大きいと感じている。「ソフトウエア」はすべての産業の最も基本的な武器となる中、日本企業の「ソフトウエア」力は、米国・中国のみならず、IT負債のない新興国と比較しても格段の見劣りがする。

しかし、辺ぴな極東の小さな国が、明治以降、短期間で列強の一員に成長した。第二次世界大戦で多くの人材を失い、国土も焦土化した中で、奇跡の復活を遂げたのが日本である。その源泉は、高い教育水準と、人に対して誠実に優しく接する民度の高さだと思う。そして、あきらめずに愚直に「大義」を追い続けてきたことだと思う。これは今でも健在であり、今も世界に誇る多くの技術を有している。

本書ではITシステムに関する非常に厳しい提案をしているが、私は、どんなに厳しくて高い山でも越える方法はあると確信している。あとは、日本のIT技術者が謙虚に新たなIT技術を学び、ユーザー企業・ITベンダーの垣根を越えて、自らが招いた問題に真摯に向き合い挑戦していくことが大切だと思う。CEOは、自らも責任を招いた当事者として問題を認識し、推し進めて行く原動力として行動してもらいたいと思う。問題を解決するには、IT技術だけではなく、既存ビジネスそのものを見直す方法もあることを自覚してもらいたい。既存のITシステムの問題を解決するには、IT技術とビジネスの見直しの両方をバランスよく活用することが重要だからである。

同時に、IT技術をどのように生かしてDXを進めていくかを明らかにし、顧客と企業に働く仲間を明るい未来に導いてほしいと思う。

そういう中で、国も企業のDX化を支援すると共に、ITを活用した抜本的な自らの改革を、各企業の模範となって進めてほしいと感じる。また、国は、業界をまたがる、例えばMaaSなどの社会インフラとなる仕組みを設計する主体となるべきだと思う。その場合、民間活用を前提としたスキームにしていくべきだと考える。そのような社会インフラを、IT技術を基本として設計する活動が、どんどん増えていくと考えられる。IT技術の社会活用は縦割りでは対応できず、業界を超えた複合した問題解決を求められる。従って、これまでと異なった役割を国民から期待されることになる。ITを国の政策の中心において、会社でいうCFO並みの省庁と同列において政策に生かしていくことが求められる社会になってきたと思う。

本書では、DXの必然性を基本に据えながら、既存のITシステムの課題をより中心に記述してきた。一般的にはレガシー問題ととられがちであるが、私は、古いシステムだけが問題ではなく、現在も日本で作り続けられているモノリスシステムを問題視している。そういう意味では、ただいま現在も、問題システムを作り続けているということになる。

モノリスシステムの構造では、今後のITシステムが対応すべき大きな問題、例えば多くのITシステムが密接につながる極めてリスクの高いネットワーク社会への対応、個人が自らの個人情報を適切にコントロールする権利が当然とされる情報社会への対応、独立した個々のITシステムを適切にガバナンスする制度設計の仕組みの構築、より厳しくなるITシステムに対する稼働責任への対応、あらゆる場面に活用される圧倒的な生産力を求められる「ソフトウエア」への対応など、社会が求める様々な要請に応えることはできない。

ハードウエアから「ソフトウエア」に制御が移るということは、あらゆる分野での進歩が飛躍的に進んでいくことを示している。あらゆる分野が相互に適切に緊密に接続し合うことで、新たな事業分野が創造される社会に変わっていくと考えられる。そして、世の中の枠組みそのものが、「ソフトウエア」を核に大変革していくと思う。そういった環境の大きな変換点の中で、国のあり方、あるいは、各企業のあり方に、IT技術を中心においた変革が今求められるのではないだろうか。私自身、今後とも関わりを持ちながら、IT技術者としての道をさらに極めていきたいと思う。

変革の担い手はいつの時代も「人」である。それは変わらない。原理原則を踏まえた上で、人の変革こそが変革の中心であり、皆さん１人ひとりが変わっていくことこそが、変革への最も大切な第一歩であると私は考える。

最後に、人を成長させるのに必要なことは、天台宗でよく使われる「一隅を照らす」だと思う。１人の力は小さく、その人の周りの人に対して良い影響を与えていくだけであるが、そういった人の活動の輪が広まれば大きな変革の礎になる。１人ひとりの行動変革が何よりも大切だと思う。人が変わることこそが「奇跡」なのかも知れないが、この「奇跡」は人が起こすことができる「奇跡」であり、変革の最も重要な活動なのだと私は思う。

謝辞

本書を読んでいただき、ありがとうございました。DXや技術的負債をテーマにしつつも、全般的に私の「思い」が強い本になってしまいました。IT技術者として、この業界で様々なお客様とめぐり合いを重ねながら、お客様のビジネスの発展に少なからず貢献できることを常に目標に行動してきました。そんな私の「思い」から見えてくるものがあると思い、このような構成の本になっています。これまでと違った観点でビジネスを見ていくことも必要ではないかと思った所存です。

読者が私と同じIT技術者であっても、DXや技術的負債について、違った見方をしているところがいくつもあったと思います。何が正しいかは状況において変化すると思いますが、私の見方に少しでも共感していただければ望外の喜びです。

新たな社会の変革は「ソフトウエア」を基軸に進んでいくと思います。シンギュラリティの賛否はともかく、少なくとも、ハードウエアは当の昔に人間をはるかに凌駕しました。人間どころか、すべての地球上の生物より、速く、高く、そして海を進み、空を飛ぶことができています。既に、将棋やチェス、そして、囲碁の世界も人間を凌駕する「ソフトウエア」が登場しています。あらゆる分野で「ソフトウエア」が人間を上回ることは自然の流れだと思います。

何を持ってシンギュラリティと呼ぶかは別にして、徐々にシンギュラリティは近づいているのは間違いないと考えます。そのためには、もう一段のハードウエアの進歩と「ソフトウエア」の進歩が必要であり、間違いなく「ソフトウエア」が中心となって進んでいくのだと思います。すなわち、「ソフトウエア」がハードウエアの進歩を促していくように私は思います。

このような認識の下、日本が培ってきた信頼性と品質にこだわる高いサービスレベルを「ソフトウエア」に生かすことが、世界にとっても非常に大切なことになると思います。

最後に、この本を出版するにあたり、様々な方々にお世話になりました。本当に感謝します。まず、野村総合研究所 本社コポーレートコミュニケーション部の井筒雅則さんには、本の構想段階からいろいろとお世話になりました。また、秘書の松原友里さんと斉川千晶さんには、図表作成の支援や出版社とのやり取り、それから、私の尻たたきと多岐にわたってお世話になりました。また、出版社・日経ＢＰの松山貴之さんには、本書を含めて3冊もお世話になり、様々な助言と励ましをいただきありがとうございました。

この本が、少しでもDXを進めていくことのヒントになり、モノリスシステムの再構築へ向かう勇気を少しでも読者の皆様に与えることができたら、作者としては非常な喜びであります。ありがとうございました。

参考文献

・『リーン開発の現場　カンバンによる大規模プロジェクトの運営』オーム社　Henrik Kniberg 著／角谷信太郎 監訳／市谷聡啓、藤原大訳

・『改訂３版　P2M プログラム＆プロジェクトマネジメント標準ガイドブック』日本能率協会マネジメントセンター　日本プロジェクトマネジメント協会 編著

・『宮大工棟梁・西岡常一「口伝」の重み』日本経済新聞出版社　西岡常一 著

・『ソフトウェア要求　第3版』日経BP　Karl Wiegers、Joy Beatty 著／渡部洋子 訳

・『カンバン　ソフトウェア開発の変革』リックテレコム　David J. Anderson 著／長瀬嘉秀・永田渉 監訳／テクノロジックアート 訳

・『デザインパターンとともに学ぶ　オブジェクト指向のこころ』丸善出版　アラン・シャロウェイ、ジェームズ 著

・『図解入門よくわかる最新　PMBOK 第５版の基本』秀和システム　鈴木安而 著

・『図解入門よくわかる最新　PMBOK ソフトウェア拡張版』秀和システム　鈴木安而 著

・『システム再構築を成功に導くユーザーガイド』独立行政法人情報処理推進機構　技術本部ソフトウェア高信頼化センター 編

・『テストから見えてくる　グーグルのソフトウェア開発』日経BP　James A. Whittaker、Jason Arbon、Jeff Carollo 著　長尾高弘 訳

・『マイクロサービス　アーキテクチャ』 オライリー・ジャパン　オーム社　Sam Newman 著　佐藤直生 監訳　木下哲也 訳

・『プロダクションレディ　マイクロサービス』 オライリー・ジャパン　オーム社　Susan J. Fowler 著　佐藤直生 監訳　長尾高弘 訳

・『P2Mプログラム＆プロジェクトマネジメント　標準ガイドブック』 日本能率協会マネジメントセンター　日本プロジェクトマネジメント協会 編著

・『IT分野のためのP2Mプログラム＆プロジェクトマネジメント　ハンドブック』 日本能率協会マネジメントセンター　日本プロジェクトマネジメント協会 編　PMAJ IT-SIG 著

・『サピエンス全史（上）（下）』 河出書房新社　ユヴァル・ノア・ハラリ 著　柴田裕之 訳

・『対デジタル・ディスラプター戦略』 日本経済新聞出版社　マイケル・ウェイド、ジェフ・ルークス、ジェイムス・マコーレー、アンディ・ノロニャ 著　根来龍之 監訳　武藤陽生、デジタルビジネス・イノベーションセンター 訳

・『DXレポート ～ITシステム「2025年の崖」克服とDXの本格的な展開～』 経済産業省（平成30年9月7日発表）

・『デジタルトランスフォーメーションを推進するためのガイドライン』 経済産業省（平成30年12月発表）

・『失敗しないITマネジャーが語る　プロフェッショナルPMの神髄』 日経BP　室脇慶彦 著

・『PMの哲学』 日経BP　室脇慶彦 著

著者プロフィール

室脇 慶彦（むろわき よしひこ）

野村総合研究所　理事

1982年大阪大学基礎工学部卒。同年野村コンピュータシステム株式会社（現　株式会社野村総合研究所）入社。1999年日本インベスター・ソリューション・アンド・テクノロジー株式会社　システム企画部長。2001年4月e-システムソリューション部長、金融システム事業部長を経て、2007年執行役員金融システム事業本部副本部長、保険システム事業本部副本部長、生産革新センター長を経て、2014年常務執行役員品質・生産革新本部長。2015年4月より現職。
専門は、ITプロジェクトマネジメント、IT生産技術、年金制度など。
情報サービス産業協会　理事、日本情報システム・ユーザー協会　監事、ITコーディネータ協会　評議員。
著書に『失敗しないITマネジャーが語る　プロフェッショナルPMの神髄』『PMの哲学』（共に日経BP発行）がある。

IT負債

基幹系システム「2025年の崖」を飛び越えろ

2019年6月17日　第1版第1刷発行
2019年9月17日　　　　第3刷発行

著　　者　室脇 慶彦
発 行 者　望月 洋介
発　　行　日経BP
発　　売　日経BPマーケティング
　　　　　〒105-8308　東京都港区虎ノ門4-3-12
装　　丁　bookwall
制　　作　マップス
編　　集　松山貴之
印刷・製本　図書印刷

ISBN978-4-296-10302-7

本書籍に関するお問い合わせ、ご連絡は下記にて承ります。
https://nkbp.jp/booksQA